上海市住房和城乡建设管理委员会

上海市绿化市容工程养护维修预算定额

第三册　园林绿化养护

SHA 2—41(03)—2018

同济大学出版社
2019　上　海

图书在版编目(CIP)数据

上海市绿化市容工程养护维修预算定额. 第三册,园林绿化养护/上海市建筑建材业市场管理总站主编. --上海:同济大学出版社,2019.4

ISBN 978-7-5608-8403-5

Ⅰ.①上… Ⅱ.①上… Ⅲ.①园林—绿化—建筑预算定额—上海 Ⅳ.①TU986.3

中国版本图书馆CIP数据核字(2019)第006613号

上海市绿化市容工程养护维修预算定额 第三册 园林绿化养护

上海市建筑建材业市场管理总站 主编

策划编辑 张平官 **责任编辑** 朱 勇 **责任校对** 徐春莲 **封面设计** 陈益平

出版发行 同济大学出版社 www.tongjipress.com.cn

(地址:上海市四平路1239号 邮编:200092 电话:021-65985622)

经 销 全国各地新华书店

印 刷 常熟市大宏印刷有限公司

开 本 890mm×1 240mm 1/16

印 张 7

字 数 224 000

版 次 2019年4月第1版 2019年4月第1次印刷

书 号 ISBN 978-7-5608-8403-5

定 价 50.00元

上海市绿化市容工程养护维修预算定额
第三册　园林绿化养护

主　编　单　位： 上海市建筑建材业市场管理总站

参　编　单　位： 上海市绿化和市容(林业)工程管理站
上海市绿化管理指导站
上海申元工程投资咨询有限公司
上海市园林设计研究总院有限公司
上海理来博工程项目管理有限公司
上海花绿园绿化建设有限公司
上海加缘园林绿化工程有限公司

编制小组成员： 汪一江　田洁莹　王立中　马顺道　蒋宏彦　张敬樑
朱振清　周艺烽　翁　磊　姚文青　王黛虎　李　莉
金　菁　江　卫　李　娟　徐佩贤　许秋霞　陈　龙
王飞燕　韩丽丽　熊志福　马娄瑜

审　查　专　家： 马　军　吴红军　傅徽楠　王　剑　周　灵

上海市住房和城乡建设管理委员会文件

沪建标定〔2018〕684号

上海市住房和城乡建设管理委员会
关于批准发布《上海市绿化市容工程
养护维修预算定额　第三册　园林绿化养护
(SHA 2—41(03)—2018)》的通知

各有关单位：

为进一步完善本市建设工程计价依据，满足本市城市建设、运营、维护全生命周期的计价需求，根据市住房城乡建设管理委《关于印发2016年度上海市建设工程及城市基础设施养护维修定额编制计划的通知》(沪建管〔2015〕999号)及《上海市建设工程定额体系表2018》(沪建标定〔2018〕564号)，上海市建筑建材业市场管理总站组织编制了《上海市绿化市容工程养护维修预算定额　第三册　园林绿化养护(SHA 2—41(03)—2018)》，经审核，现予以批准发布，自2018年12月1日起实施。

本次发布的定额由市住房城乡建设管理委负责管理，上海市建筑建材业市场管理总站负责组织实施和解释。

特此通知。

上海市住房和城乡建设管理委员会

二〇一八年十一月二日

总 说 明

《上海市绿化市容工程养护维修预算定额　第三册　园林绿化养护》(SHA 2—41(03)—2018)(以下简称本定额)是根据园林绿化养护技术标准,并结合近几年上海市园林绿化养护工程的实际施工情况,按量价分离原则进行编制的。

一、适用范围

本定额适用于本市行政区域范围内,政府投资的各类绿地养护维修工程预算费用的计算,其他绿地可参照执行。

二、定额的作用

1. 是统一园林绿化养护维修工程预算费用计算的项目划分、工程量计算的依据。

2. 是本市园林绿化养护维修工程,工程量清单最高投标限价的依据。

3. 是本市园林绿化养护维修企业编制预算、业主工程拨款、工程结算的参考依据。

三、定额内容

本定额由植物元素的养护和非植物元素的维修两大部分内容组成。

1. 植物元素养护:包括园林植物一～三级的养护和等级外园林植物绿化养护内容。

2. 非植物元素维护:包括各类绿地内的建筑和小品、设备和设施、保洁和保安等维修与保障措施内容。

四、编制原则

根据住建部"政府宏观调控、企业自主报价、市场形成价格、监管规范有效"的指导方针。

1. 根据定额基本模式,执行量价分离的原则。

2. 符合国家工程量清单报价要求。

3. 结合本市园林绿化养护技术标准、规范,增加相对成熟的"四新"工程内容。

4. 适应本市园林绿化养护维修预算文件的编制的要求。

五、编制依据

(一) 国家标准

1.《建设工程工程量清单计价规范》(GB 50500—2013)。

2.《园林绿化工程工程量计算规范》(GB 50858—2013)。

3.《仿古建筑工程工程量计算规范》(GB 50855—2013)。

4.《全国园林绿化养护概算定额》(ZYA 2(Ⅱ—21—2018))。

5.《建设工程劳动定额　园林绿化工程》(LD/T 75.1～3—2008)。

(二) 地方标准

1.《上海市园林工程预算定额》(2000)。

2.《园林绿化养护技术等级标准》(DG/TJ 08—702—2011)。

3.《园林绿化养护技术规程》(DG/TJ 08—19—2011)。

4.《上海市屋顶绿化技术规范(试行)》(DB 31/T 493—2010)。

5.《行道树养护技术规程》(DG/TJ 08—2105—2012)。

6.《古树名木及古树后续资源养护技术规程》(DB 31/T 682—2013)。

7.《绿化植物保护技术规程》(DG/TJ 08—35—2014)。

(三) 其他标准

国家及本市有关部门发布的行业规范、规程等。

六、编制条件

根据本市大多数园林绿化养护企业,在正常的施工条件下,采用的常规施工方法、合格(产品)材料、合理的机械配置和劳动人员组织的基础上进行编制的。

七、工作内容

定额项目中工作内容,仅列主要施工工序,已包括次要工序,不再另行增加。

八、定额单位

1. 本定额除项目注明者外,均以“年”为时间单位(不考虑养护频次问题)。

2. 工程量计算依据绿地内的实际存量为基础,其中:

(1) 以“t”为单位,小数点后保留三位。

(2) 以“m”“m^2”“m^3” 为单位,小数点后保留两位。

(3) 以“株”“丛”“缸”“个”“只”等为单位,取整数,尾数四舍五入。

九、人工、材料、机械消耗量取定

(一) 人工

1. 本定额中的人工以技术工种表示,包括技术工种和普通工的人工消耗量。

2. 本定额中的人工消耗量包括基本用工、辅助用工、超运距用工和人工幅度差等因素,除定额规定外,不作调整。

(二) 材料

1. 本定额中的材料、构件、成品、设备等均符合产品质量标准。

2. 本定额中的材料消耗量包括净用量和损耗量。

损耗量是指材料运输损耗、操作损耗、堆放损耗等各种损耗。

3. 本定额中的周转性材料,均按不同施工方法、材质确定周转材料摊销量,已包括在定额项目消耗量中,不作调整。

4. 本定额中所列材料均为主要材料,其他用量少、价值低、易损耗的零星材料已包括在其他材料费中。

(三) 机械

1. 本定额中的机械台班消耗量按普遍采用的常规施工方法,结合施工实际情况综合取定。

2. 本定额中的机械以主要机械为主,辅助机械已包括在主要机械台班消耗量中。

3. 凡单位价值在 2000 元以内,使用年限在一年以内的不构成固定资产的施工机械,未列入机械台班消耗量内,作为工器具费用在企业管理费中列支。

十、运输费用

运输费用包括水平运输和垂直运输的费用。

园林绿化养护工程的流动性较大,本定额项目中的运输费用已作综合考虑取定,运输费用均不作调整。

十一、项目运用

(一) 立体绿化养护定额项目的运用

立体绿化养护定额项目分为两大类,即屋顶绿化和垂直绿化定额项目。

1. 屋顶绿化养护项目:

依据园林植物名称分类、规格，分别套用本定额第一章一级绿地养护相应的定额项目，同时根据不同的浇灌方式，采用不同系数，对人工和用水量作相应的调整(详见本定额第四章章说明)。

2. 垂直绿化养护项目：

依据本定额第四章其他绿化养护第四节垂直绿化养护项目要求，以3.6m高度为界，根据不同高度分别以10m^{2}为单位按实际展开面积计算工程量，套用相应的定额项目。

(二) 成活期养护费用计算

1. 依据本市《园林植物栽植技术规程》(DBJ 08—18—91)有关规定，园林植物养护分为栽植期、成活期和保存期三个阶段。栽植期养护费用已包括在园林新建工程定额项目中，不再另行计算。

2. 本定额中园林植物保存期养护费用计算的项目，以"年"为单位。

3. 成活期养护的计算以"月"为单位。

根据《园林植物栽植技术规程》(DBJ 08—18—91)规定：

(1) 春季栽植的园林植物，成活期自竣工之日起至当年的9月份止。

(2) 秋冬季栽植的园林植物，成活期自竣工之日起至第二年的9月份止。

4. 成活期养护费用的计算：

(1) 按园林绿地实际苗木品种、规格、数量，套用相应绿化养护等级的定额项目，计算其保存期养护费用。

(2) 绿地的成活期养护费用=保存期养护费用/12个月×相应的成活期养护月数×1.25。

(三) 肥料、药剂消耗量

肥料和药剂必须以无公害材料为主，以"kg"为单位计量。定额项目中的药剂以未兑水的数量为准。肥料和药剂消耗量均不作调整，具体材料品种应根据实际需要采购。

(四) 水消耗量

本定额绿化养护项目中的用水量，依据上海地区年平均降水量为基础综合取定，不作调整。

(五) 维护率说明

1. 维护率指维护其正常使用功能所需的费用，维护率适用于本定额第五章～第七章非植物元素。

2. 维护率分为两种：5年以内和5年以上。5年以内的维护率相对较小；5年以上的维护率相对较大，已考虑以下因素：

(1) 5年以后维修费用相对较大。

(2) 5年以后产生的物价上涨因素。

3. 维护费用的计算

设备、设施维护费用=设备、设施总投资费用×维护率。

依据定额规定：该费用中40%作为维修人工费用，60%作为维修材料费用。

十二、定额消耗量配价

本定额为预算消耗量基础定额，人工、材料、机械价格采用动态管理的方法，其单价以本市定额主管部门发布的市场信息价为基础，进行预算费用的计算。

十三、定额费用说明

(一) 企业管理费和利润

企业管理费是指施工企业组织和经营管理设施养护维修工程所需的费用。企业管理费包括：管理人员工资、办公费、差旅交通费、固定资产使用费、工具用具使用费、劳动保险和职工福利费、劳动保护费、材料采购和保管费、检验试验费[内容包括《建筑工程检测试验技术管理规范》(JGJ 190—2010)所要求的检验、试验、复测、复验等费用；不包括新结构、新材料的试验费，以及对构件做破坏性试验及其他特殊要求检验试验的费用和建设单位委托检测机构进行检测的费用]、工会经费、职工教育经费、财产保险费、财务费、税金(房产税、车船使用税、土地使用税、印花税)、其他(技术转让费、技术开发费、投标费、业务招待费、绿化费、广告费、公证费、法律顾问费、审计费、咨询费、保险费)等。企业管理费不包含增值税可抵扣进项税额。

此外,城市维护建设税、教育附加费、地方教育附加和河道管理费等附加税费计入企业管理费。

利润是指施工企业完成所承包工程获得的盈利。

(二) 安全防护、文明施工措施费

安全防护、文明施工措施费是指按照国家现行的建筑施工安全、施工现场环境与卫生标准和有关规定,用于购置和更新施工安全防护用具及设施、改善安全生产条件和作业环境所需要的费用,不包含增值税可抵扣进项税额。主要包括:环境保护、文明施工、安全施工、临时设施费。

(三) 施工措施费

施工措施费是指施工企业在完成养护维修工程时,为承担的社会义务、施工准备、施工方案发生的所有费用。主要包括:夜间施工、非夜间施工照明,二次搬运,冬雨季施工,地上、地下设施、建筑物的临时保护设施(施工场地内)和已完工程及设备保护等内容。施工措施费中不包含增值税可抵扣进项税额。

(四) 规费

规费是指按本市有关规定必须缴纳的,应计入建筑安装工程造价的费用。主要包括:社会保险费(养老、失业、医疗、生育和工伤保险费)、住房公积金。

(五) 增值税

增值税即为当期销项税额:

当期销项税额 = 税前工程造价 × 增值税税率

十四、定额费率计算

本定额的费率按照国家和本市有关部门发布的规定执行。定额费用计算方法详见表1。

表1 上海市园林绿化养护维修预算定额工程费用计算顺序

序号	项目名称		计算式
1	直接费	人工、材料、施工机具使用费	按预算定额规定计算
2		其中:人工费	
3	企业管理费和利润		[2]×费率
4	安全防护、文明施工措施费		([1]+[3])×费率
5	施工措施费		([1]+[3])×费率
6	规费	社会保险费	[2]×费率%
		住房公积金	[2]×费率%
7	小计		[1]+[3]+[4]+[5]+[6]
8	增值税		[7]×增值税税率
9	费用合计		[7]+[8]

十五、其他说明

1. 植物元素和非植物元素的施工面积计算,按本定额“绿地面积计算规则”执行。

2. 本定额未包括以下费用,若发生可根据实际情况和有关规定、要求,另行申请专项费用:

(1) 各种自然灾害造成的抢救费用。

(2) 重大节日、庆典或专题展览会等活动所发生的费用。

(3) 按规定必须交纳的各种保险等费用。

3. 若发生两个以上系数的计算,采用连乘方法计算。

4. 项目规格说明:

本定额中注有"××以内"或"××以下"及"小于"者均包括××本身;"××以外"或"××以上"及"大于"者均不包括××本身。

5. 凡本说明未尽事宜,详见各章说明和《上海市园林工程预算定额》(SHA 2—31—2016)等其他相关规定执行。

绿地面积计算规则

一、绿地施工面积计算

（一）纯绿地面积计算

1. 等级绿地、其他绿地以及立体绿化，按实际面积计算。

2. 胸径在 8cm 以上的行道树，按每株 1.0m² 计算绿地面积，并扣除相应的广场、道路面积。

3. 应扣除面积：

(1) 园林小品和水面积等在绿地中的所占面积。

(2) 绿地表面单体超过 1.0m² 以上的设备、设施小品等占地面积。

4. 不计算绿地面积：

(1) 植草砖铺地等硬质植草地坪不计算绿化面积。

(2) 容器植物等可移动绿化占地面积。

(3) 水生植物原则上只计算水面面积。若需计算水生植物栽植面积，则必须扣除相应的水面面积。

（二）建筑和小品面积计算

1. 园林建筑：

(1) 普通建筑：参照《上海市建筑和装饰工程预算定额》(SH 01—31—2016)有关规定计算建筑面积。

(2) 古典建筑：参照《上海市园林工程预算定额》(SHA 2—31—2016)有关规定计算建筑面积。

2. 园林小品：

(1) 按实际占地面积计算：无顶盖的花架、廊，假山(含塑假山及各种峰石)，园桥、园路、广场(含路沿侧石)，雕塑基座等零星建筑占地面积。

(2) 不计算占地面积：围墙、驳岸、栏杆、附壁石、花坛等零星小品建筑占地面积。

（三）设备、设施面积计算

1. 绿地内单体超过 1.0m² 以内的设备、构件和基础等占地面积应作相应的扣除。

2. 室内设备、设施占地面积，已包括在建筑面积内，不再重复计算。

3. 园路、广场内的设备、设施、树穴等占地面积不作计算，不作扣除。

4. 以下设备、设施占地面积不再计算也不作扣除：上、下水系统，电力照明、制冷制暖设备，园椅、凳，垃圾筒、报架廊、告示牌等设施占地面积。

（四）保障措施面积计算

1. 水面保洁面积计算：水面指绿地内河流、湖泊、水池等蓄水面积的计算，按常年平均水位计算其水面面积。

2. 园路、广场保洁面积计算：参照本规则中园林小品的有关规定，计算实际面积，但不包括纯绿地面积。

3. 绿地巡视面积计算：

(1) 绿地专项巡视：参照本规则中纯绿地面积的有关规定计算巡视面积。

(2) 绿地治安巡视：按绿地的总面积计算巡视面积。

(3) 厕所、售票房等面积计算：参照本规则中园林建筑和小品的有关规定计算建筑面积。

二、绿地元素指标面积计算

（一）纯绿地养护指标面积计算

参照本规则中纯绿地面积的有关规定计算指标面积。

（二）园路、广场维护指标面积计算

参照本规则中园林小品的有关规定，计算指标面积。

（三）水面保洁指标面积计算

参照本规则中水面保洁的有关规定，计算指标面积。

（四）建筑和小品维护指标面积计算

指标面积按建筑和小品实际占地面积计算（区别于施工面积按建筑面积计算规则）。

（五）其他维护指标面积计算

依据绿地总面积作为指标面积（即以上四大元素指标面积之和）。

目　录

第六章 设备设施维护

第七章 保障措施项目

第一章　一级绿地养护

说 明

1. 适用范围

本章内容适用于园林绿地一级养护预算费用的计算。

2. 组成内容

本章共10节75个定额子目。其中:

第一节 乔木,包括常绿乔木、落叶乔木。

第二节 灌木,包括常绿灌木、落叶灌木。

第三节 绿篱,包括绿篱单排、绿篱双排、绿篱片植。

第四节 竹类,包括地被竹、散生竹、丛生竹。

第五节 球形植物,包括5种不同的蓬径规格。

第六节 攀缘植物。

第七节 地被植物,包括单排、双排、片植。

第八节 花坛花境,包括花坛、花境、立体花坛。

第九节 草坪,包括暖季型、冷季型、混合型三种类型草坪。

第十节 水生植物,包括塘植、盆(缸)植、浮岛。

3. 项目说明

(1) 乔木

指园林中体量高大的植物,通常分枝点高,具有单一的树干,而且树干和树冠有明显的区分,可分为常绿乔木和落叶乔木。

乔木根据胸径大小,分为5cm以内、10cm以内、15cm以内、20cm以内、30cm以内、40cm以内、40cm以上七种规格。

乔木均以"株"为单位计算工程量。

(2) 灌木

属于中等大小的植物,通常多呈丛生状态,无明显主干,分枝点离地面较近;亦有常绿、落叶之分。若灌木成片种植,可参照绿篱片植项目计算费用。

灌木根据冠丛高度,分为50cm以内、100cm以内、150cm以内、200cm以内、250cm以内、300cm以内、300cm以上七种规格。

灌木均以"株"为单位计算工程量。

(3) 绿篱

一般以常绿花、灌木为主。通常采用株行距密植的方法,可分为单排、双排、片植(三排以上含三排)等不同的种植形式,起到区域阻隔作用。

绿篱根据冠丛高度,分为50cm以内、100cm以内、150cm以内、200cm以内、200cm以上五种规格。

绿篱(单排)、绿篱(双排)以"m"为单位计算工程量;绿篱(片植)以"m^2"为单位计算工程量。

(4) 竹类

属禾本科竹亚科植物,秆木质,通常浑圆有节,皮翠绿色为主,是一种观赏价值和经济价值都较高的植物类群。

竹类养护根据品种不同,分为地被竹、散生竹、丛生竹三种类型。

地被竹和散生竹均以"m^2"为单位计算工程量,丛生竹以"丛"为单位计算工程量。

(5) 球形植物

是指经人工修剪、培育、养护,保持特定外形(一般以球形为主)的园林植物。

球形植物根据蓬径大小分为 50cm 以内、100cm 以内、150cm 以内、200cm 以内、200cm 以上五种规格。

球形植物均以“株”为单位计算工程量。

(6) 攀缘植物

指具有细长茎蔓,并借助卷须、缠绕茎、吸盘或吸附根等特殊器官,依附于其他物体才能使自身攀缘上升的植物。

攀缘植物养护包括墙体、藤架、廊架等处攀缘植物的养护。

攀缘植物均以实际覆盖面积以“m^2”为单位计算工程量。

(7) 地被植物

指植株低矮、枝叶密集,具有较强扩展能力,能迅速覆盖裸露平地或坡地的植物,高度一般不超过 60cm。

地被植物根据栽植方式的不同,分为单排、双排、片植三种方式。

地被植物单排和双排以“m”为单位计算工程量,片植以“m^2”为单位计算工程量。

(8) 花坛花境

包括花坛和花境以及立体花坛等养护内容。

① 花坛是指在特定范围内运用花卉植物表现图案或色彩的配植方式。

② 花境是指园林绿地中模拟自然界中林地边缘地带多种野生花卉交错生长的状态,运用艺术手法提炼、设计而成的一种带状花卉布置形式。

③ 立体花坛是指重叠式花坛,以花卉植物栽植为主。

花坛花境均以植物的覆盖面积以“m^2”为单位计算工程量。

(9) 草坪

指需定期轧剪的覆盖地表的低矮草层。大多选用质地纤细、耐践踏的禾本科植物为主。

草坪根据草种分为暖季型、冷季型、混合型三种;根据栽植方式不同,又分为追播、散铺、满铺、直生带四种。

草坪除直生带以“m”为单位计算工程量外,其他均以“m^2”为单位计算工程量。

(10) 水生植物

指喜欢生长在潮湿地和水中的园林植物,包括挺水植物、浮叶植物、沉水植物和漂浮植物。

水生植物根据栽植方式不同,分为塘植、盆植、浮岛三种类型。

水生植物塘植以“丛”为单位,盆植以“盆(缸)”为单位,浮岛以“m^2”为单位计算工程量。

4. 其他说明

(1) 本章定额项目:

① 未包括新增的苗木、花卉等材料费用。

② 少量零星苗木的调整移植费用,已包括在定额项目中。

(2) 本章定额项目消耗量除规定者外,均不作调整。

(3) 等级外绿地、行道树、容器植物、垂直绿化、古树名木等绿化养护工程内容参见本定额第四章相关规定执行。

(4) 屋顶绿化养护费用计算,参照本章定额相对应的项目执行。因浇灌方式不同,可换算,参照本定额第四章章说明有关规定执行。

一、乔　　木

工作内容：浇水排水、施肥修剪、松土除草、竖桩维护、除虫保洁、调整移植。

定额编号				LY1-1-1	LY1-1-2	LY1-1-3	LY1-1-4
项目			单位	乔木(常绿)			
				胸径在 cm 以内			
				5	10	15	20
				株	株	株	株
人工	00090115	养护工	工日	0.1489	0.3304	0.4976	0.6648
材料	32490341	肥料	kg	0.2507	0.5565	0.5874	0.6183
	32490551	药剂	kg	0.0251	0.0558	0.0589	0.0620
	34110101	水	m^3	0.1207	0.2678	0.4116	0.5554
		其他材料费	%	5.0000	5.0000	5.0000	5.0000
机械	99310020	洒水车 4000L	台班	0.0036	0.0079	0.0084	0.0088

工作内容：浇水排水、施肥修剪、松土除草、竖桩维护、除虫保洁、调整移植。

定额编号				LY1-1-5	LY1-1-6	LY1-1-7
项目			单位	乔木(常绿)		
				胸径在 cm 以内		胸径在 cm 以上
				30	40	40
				株	株	株
人工	00090115	养护工	工日	1.0736	1.5127	1.9822
材料	32490341	肥料	kg	0.6870	0.7557	0.8313
	32490551	药剂	kg	0.0688	0.0758	0.0833
	34110101	水	m^3	0.8360	1.1167	1.3971
		其他材料费	%	5.0000	5.0000	5.0000
机械	99310020	洒水车 4000L	台班	0.0098	0.0107	0.0119

工作内容：浇水排水、施肥修剪、松土除草、竖桩维护、除虫保洁、调整移植。

定额编号				LY1-1-8	LY1-1-9	LY1-1-10	LY1-1-11
项目			单位	乔木(落叶)			
				胸径在 cm 以内			
				5	10	15	20
				株	株	株	株
人工	00090115	养护工	工日	0.2370	0.5259	0.6287	0.7314
材料	32490341	肥料	kg	0.3134	0.6956	0.7305	0.7654
	32490551	药剂	kg	0.0280	0.0620	0.0654	0.0688
	34110101	水	m^3	0.0862	0.1914	0.2945	0.3976
		其他材料费	%	5.0000	5.0000	5.0000	5.0000
机械	99310020	洒水车 4000L	台班	0.0041	0.0091	0.0097	0.0103

工作内容：浇水排水、施肥修剪、松土除草、竖桩维护、除虫保洁、调整移植。

定额编号				LY1-1-12	LY1-1-13	LY1-1-14
项目			单位	乔木(落叶)		
				胸径在 cm 以内		胸径在 cm 以上
				30	40	40
				株	株	株
人工	00090115	养护工	工日	1.1810	1.6466	2.1804
材料	32490341	肥料	kg	0.8588	0.9447	1.0391
	32490551	药剂	kg	0.0765	0.0842	0.0926
	34110101	水	m^3	0.6043	0.8222	1.0478
		其他材料费	%	5.0000	5.0000	5.0000
机械	99310020	洒水车 4000L	台班	0.0113	0.0126	0.0139

二、灌　　木

工作内容：浇水排水、施肥修剪、松土除草、竖桩维护、除虫保洁、调整移植。

定额编号				LY1-2-1	LY1-2-2	LY1-2-3	LY1-2-4
项目			单位	灌木(常绿)			
				灌丛高度在 cm 以内			
				50	100	150	200
				株	株	株	株
人工	00090115	养护工	工日	0.0158	0.0351	0.0793	0.1236
材料	32490341	肥料	kg	0.1393	0.3092	0.3435	0.3779
	32490551	药剂	kg	0.0199	0.0441	0.0490	0.0538
	34110101	水	m^3	0.0157	0.0348	0.0461	0.0574
		其他材料费	%	5.0000	5.0000	5.0000	5.0000
机械	99310020	洒水车 4000L	台班	0.0025	0.0055	0.0061	0.0067

工作内容：浇水排水、施肥修剪、松土除草、竖桩维护、除虫保洁、调整移植。

定额编号				LY1-2-5	LY1-2-6	LY1-2-7
项目			单位	灌木(常绿)		
				灌丛高度在 cm 以内		灌丛高度在 cm 以上
				250	300	300
				株	株	株
人工	00090115	养护工	工日	0.1902	0.2568	0.4015
材料	32490341	肥料	kg	0.4175	0.4572	0.5258
	32490551	药剂	kg	0.0595	0.0652	0.0750
	34110101	水	m^3	0.0712	0.0851	0.0978
		其他材料费	%	5.0000	5.0000	5.0000
机械	99310020	洒水车 4000L	台班	0.0074	0.0081	0.0115

工作内容：浇水排水、施肥修剪、松土除草、竖桩维护、除虫保洁、调整移植。

定额编号				LY1-2-8	LY1-2-9	LY1-2-10	LY1-2-11
项目			单位	灌木(落叶)			
				灌丛高度在 cm 以内			
				50	100	150	200
				株	株	株	株
人工	00090115	养护工	工日	0.0402	0.0892	0.1419	0.1946
材料	32490341	肥料	kg	0.1950	0.4328	0.4809	0.5290
	32490551	药剂	kg	0.0224	0.0496	0.0551	0.0605
	34110101	水	m^3	0.0125	0.0278	0.0368	0.0459
		其他材料费	%	5.0000	5.0000	5.0000	5.0000
机械	99310020	洒水车 4000L	台班	0.0032	0.0070	0.0078	0.0086

工作内容：浇水排水、施肥修剪、松土除草、竖桩维护、除虫保洁、调整移植。

定额编号				LY1-2-12	LY1-2-13	LY1-2-14
项目			单位	灌木(落叶)		
				灌丛高度在 cm 以内		灌丛高度在 cm 以上
				250	300	300
				株	株	株
人工	00090115	养护工	工日	0.2580	0.3214	0.4877
材料	32490341	肥料	kg	0.5846	0.6401	0.7362
	32490551	药剂	kg	0.0669	0.0733	0.0843
	34110101	水	m^3	0.0569	0.0680	0.0788
		其他材料费	%	5.0000	5.0000	5.0000
机械	99310020	洒水车 4000L	台班	0.0095	0.0105	0.0115

三、绿　　篱

工作内容：浇水排水、施肥修剪、松土除草、除虫保洁、调整移植。

定额编号				LY1-3-1	LY1-3-2	LY1-3-3	LY1-3-4
项目			单位	绿篱(单排)			
				高度在 cm 以内			
				50	100	150	200
				m	m	m	m
人工	00090115	养护工	工日	0.0099	0.0220	0.0245	0.0269
材料	32490341	肥料	kg	0.0900	0.1998	0.2220	0.2442
	32490551	药剂	kg	0.0022	0.0048	0.0054	0.0059
	34110101	水	m^3	0.0287	0.0638	0.1382	0.2126
		其他材料费	%	5.0000	5.0000	5.0000	5.0000
机械	99310020	洒水车 4000L	台班	0.0007	0.0015	0.0017	0.0018

工作内容：浇水排水、施肥修剪、松土除草、除虫保洁、调整移植。

定额编号				LY1-3-5
项目			单位	绿篱(单排)
				高度在 cm 以上
				200
				m
人工	00090115	养护工	工日	0.0296
材料	32490341	肥料	kg	0.2686
	32490551	药剂	kg	0.0065
	34110101	水	m^3	0.4444
		其他材料费	%	5.0000
机械	99310020	洒水车 4000L	台班	0.0020

工作内容：浇水排水、施肥修剪、松土除草、除虫保洁、调整移植。

定额编号				LY1-3-6	LY1-3-7	LY1-3-8	LY1-3-9
项目			单位	绿篱(双排)			
				高度在 cm 以内			
				50	100	150	200
				m	m	m	m
人工	00090115	养护工	工日	0.0148	0.0329	0.0366	0.0403
材料	32490341	肥料	kg	0.1350	0.2997	0.3330	0.3663
	32490551	药剂	kg	0.0030	0.0067	0.0074	0.0081
	34110101	水	m^3	0.0383	0.0850	0.2210	0.3570
		其他材料费	%	5.0000	5.0000	5.0000	5.0000
机械	99310020	洒水车 4000L	台班	0.0009	0.0020	0.0023	0.0025

工作内容：浇水排水、施肥修剪、松土除草、除虫保洁、调整移植。

定额编号				LY1-3-10
项目			单位	绿篱(双排)
				高度在 cm 以上
				200
				m
人工	00090115	养护工	工日	0.0504
材料	32490341	肥料	kg	0.4578
	32490551	药剂	kg	0.0101
	34110101	水	m^3	0.4463
		其他材料费	%	5.0000
机械	99310020	洒水车 4000L	台班	0.0031

工作内容：浇水排水、施肥修剪、松土除草、除虫保洁、调整移植。

定额编号				LY1-3-11	LY1-3-12	LY1-3-13	LY1-3-14
项目			单位	绿篱(片植)			
				高度在 cm 以内			
				50	100	150	200
				m^2	m^2	m^2	m^2
人工	00090115	养护工	工日	0.0379	0.0842	0.0936	0.1029
材料	32490341	肥料	kg	0.1350	0.2997	0.3330	0.3663
	32490551	药剂	kg	0.0033	0.0073	0.0082	0.0090
	34110101	水	m^3	0.1149	0.2551	0.2834	0.3117
		其他材料费	%	5.0000	5.0000	5.0000	5.0000
机械	99310020	洒水车 4000L	台班	0.0011	0.0025	0.0027	0.0030

工作内容：浇水排水、施肥修剪、松土除草、除虫保洁、调整移植。

定额编号				LY1-3-15
项目			单位	绿篱(片植)
				高度在 cm 以上
				200
				m^2
人工	00090115	养护工	工日	0.1287
材料	32490341	肥料	kg	0.4578
	32490551	药剂	kg	0.0113
	34110101	水	m^3	0.3897
		其他材料费	%	5.0000
机械	99310020	洒水车 4000L	台班	0.0038

四、竹　　类

工作内容：浇水排水、施肥修剪、松土除草、除虫保洁、调整移植。

定额编号				LY1-4-1	LY1-4-2	LY1-4-3
项目			单位	竹类		
				地被竹	散生竹	丛生竹
				m^2	m^2	丛
人工	00090115	养护工	工日	0.0559	0.0692	0.1224
材料	32490341	肥料	kg	0.1798	0.2220	0.3924
	32490551	药剂	kg	0.0044	0.0054	0.0095
	34110101	水	m^3	0.0798	0.1594	0.2822
		其他材料费	%	5.0000	5.0000	5.0000
机械	99310020	洒水车 4000L	台班	0.0014	0.0017	0.0030

五、球形植物

工作内容：浇水排水、整形修剪、施肥松土、防治虫害、除草保洁、调整移植。

定额编号				LY1-5-1	LY1-5-2	LY1-5-3	LY1-5-4
项目			单位	球形植物			
				蓬径在 cm 以内			
				50	100	150	200
				株	株	株	株
人工	00090115	养护工	工日	0.0435	0.0965	0.2138	0.3311
材料	32490341	肥料	kg	0.2821	0.6261	0.6995	0.7729
	32490551	药剂	kg	0.0301	0.0669	0.0748	0.0827
	34110101	水	m^3	0.0405	0.0899	0.1120	0.1342
		其他材料费	%	5.0000	5.0000	5.0000	5.0000
机械	99310020	洒水车 4000L	台班	0.0037	0.0083	0.0093	0.0103

工作内容：浇水排水、整形修剪、施肥松土、防治虫害、除草保洁、调整移植。

定额编号				LY1-5-5
项目			单位	球形植物
				蓬径在 cm 以上
				200
				株
人工	00090115	养护工	工日	0.7249
材料	32490341	肥料	kg	0.9447
	32490551	药剂	kg	0.1010
	34110101	水	m^3	0.1794
		其他材料费	%	5.0000
机械	99310020	洒水车 4000L	台班	0.0126

六、攀缘植物

工作内容：浇水排水、施肥修剪、松土除草、攀附牵引、除虫保洁、调整移植。

定额编号				LY1-6-1
项目			单位	攀缘植物
				覆盖面积
				m^2
人工	00090115	养护工	工日	0.1803
材料	32490341	肥料	kg	0.5153
	32490551	药剂	kg	0.0741
	34110101	水	m^3	0.0910
		其他材料费	%	5.0000
机械	99310020	洒水车 4000L	台班	0.0091

七、地被植物

工作内容：浇水排水、施肥修剪、松土除草、除虫保洁、调整移植。

定额编号				LY1-7-1	LY1-7-2	LY1-7-3
项目			单位	地被植物		
				单排	双排	片植
				m	m	m^2
人工	00090115	养护工	工日	0.0586	0.0782	0.0977
材料	32490341	肥料	kg	0.1998	0.2664	0.3330
	32490551	药剂	kg	0.0049	0.0065	0.0082
	34110101	水	m^3	0.0319	0.0425	0.0531
		其他材料费	%	5.0000	2.0000	5.0000
机械	99310020	洒水车 4000L	台班	0.0011	0.0015	0.0018

八、花坛花境

工作内容：浇水排水、施肥修剪、松土除草、除虫保洁、调整移植。

定额编号				LY1-8-1	LY1-8-2	LY1-8-3	LY1-8-4
项目			单位	花坛、花镜			
				花坛	花镜		
					草本类	木本类	宿根类
				m^2	m^2	m^2	m^2
人工	00090115	养护工	工日	0.1119	0.1008	0.0916	0.0824
材料	32490341	肥料	kg	0.7326	0.7326	0.6660	0.5994
	32490551	药剂	kg	0.0090	0.0090	0.0082	0.0073
	34110101	水	m^3	0.3143	0.2035	0.1850	0.1665
		其他材料费	%	5.0000	5.0000	5.0000	5.0000
机械	99310020	洒水车 4000L	台班	0.0030	0.0031	0.0028	0.0025

工作内容：浇水排水、施肥修剪、松土除草、除虫保洁、调整移植。

定额编号				LY1-8-5
项目			单位	花坛、花镜
				立体花坛
				m^2
人工	00090115	养护工	工日	0.2075
材料	32490341	肥料	kg	0.8059
	32490551	药剂	kg	0.0099
	34110101	水	m^3	0.6286
		其他材料费	%	5.0000
机械	99310020	水车 4000L	台班	0.0033

九、草　坪

工作内容：浇水排水、施肥修剪、松土除草、切边整形、除虫保洁、调整移植。

定额编号				LY1-9-1	LY1-9-2	LY1-9-3	LY1-9-4
项目			单位	草坪			
				暖季型			
				追播	散铺	满铺	直生带
				m^2	m^2	m^2	m
人工	00090115	养护工	工日	0.0638	0.0464	0.0580	0.0348
材料	32490341	肥料	kg	0.2931	0.2132	0.2664	0.1599
	32490551	药剂	kg	0.0048	0.0035	0.0044	0.0026
	34110101	水	m^3	0.1247	0.0907	0.1134	0.0680
		其他材料费	%	5.0000	5.0000	5.0000	5.0000
机械	99310020	洒水车 4000L	台班	0.0035	0.0026	0.0032	0.0019

工作内容：浇水排水、施肥修剪、松土除草、切边整形、除虫保洁、调整移植。

定额编号				LY1-9-5	LY1-9-6	LY1-9-7	LY1-9-8
项目			单位	草坪			
				冷季型			
				追播	散铺	满铺	直生带
				m^2	m^2	m^2	m
人工	00090115	养护工	工日	0.0830	0.0604	0.0754	0.0453
材料	32490341	肥料	kg	0.3517	0.2557	0.3197	0.1918
	32490551	药剂	kg	0.0072	0.0052	0.0065	0.0039
	34110101	水	m^3	0.1496	0.1088	0.1360	0.0816
		其他材料费	%	5.0000	5.0000	5.0000	5.0000
机械	99310020	洒水车 4000L	台班	0.0052	0.0038	0.0047	0.0028

工作内容：浇水排水、施肥修剪、松土除草、切边整形、除虫保洁、调整移植。

定额编号				LY1-9-9	LY1-9-10	LY1-9-11	LY1-9-12
项目			单位	草坪			
				混合型			
				追播	散铺	满铺	直生带
				m^2	m^2	m^2	m
人工	00090115	养护工	工日	0.1183	0.0861	0.1076	0.0646
材料	32490341	肥料	kg	0.2967	0.2158	0.2698	0.1619
	32490551	药剂	kg	0.0061	0.0044	0.0055	0.0033
	34110101	水	m^3	0.1573	0.1144	0.1430	0.0858
		其他材料费	%	5.0000	5.0000	5.0000	5.0000
机械	99310020	洒水车 4000L	台班	0.0040	0.0029	0.0037	0.0022

十、水 生 植 物

工作内容：清除枯叶、分株复壮、调换盆(缸)、调整移植等。

定额编号				LY1-10-1	LY1-10-2	LY1-10-3
项目			单位	水生植物		
				塘植	盆(缸)植	浮岛
				丛	盆(缸)	m^2
人工	00090115	养护工	工日	0.0651	0.1438	0.0762
材料	32490341	肥料	kg	0.3435	0.5153	
	32490551	药剂	kg	0.0405	0.0605	0.0345
		其他材料费	%	5.0000	5.0000	5.0000

第二章　二级绿地养护

说　明

1. 适用范围

本章内容适用于园林绿地二级养护预算费用的计算。

2. 组成内容

本章共 10 节 75 个定额子目。其中：

第一节　乔木，包括常绿乔木、落叶乔木。

第二节　灌木，包括常绿灌木、落叶灌木。

第三节　绿篱，包括绿篱单排、绿篱双排、绿篱片植。

第四节　竹类，包括地被竹、散生竹、丛生竹。

第五节　球形植物，包括 5 种不同的蓬径规格。

第六节　攀缘植物。

第七节　地被植物，包括单排、双排、片植。

第八节　花坛花境，包括花坛、花境、立体花坛。

第九节　草坪，包括暖季型、冷季型、混合型三种类型草坪。

第十节　水生植物，包括塘植、盆(缸)植、浮岛。

3. 项目说明

(1) 乔木

指园林中体量高大的植物，通常分枝点高，具有单一的树干，而且树干和树冠有明显的区分，可分为常绿乔木和落叶乔木。

乔木根据胸径大小，分为 5cm 以内、10cm 以内、15cm 以内、20cm 以内、30cm 以内、40cm 以内、40cm 以上七种规格。

乔木均以“株”为单位计算工程量。

(2) 灌木

属于中等大小的植物，通常多呈丛生状态，无明显主干，分枝点离地面较近；亦有常绿、落叶之分。若灌木成片种植，可参照绿篱片植项目计算费用。

灌木根据冠丛高度，分为 50cm 以内、100cm 以内、150cm 以内、200cm 以内、250cm 以内、300cm 以内、300cm 以上七种规格。

灌木均以“株”为单位计算工程量。

(3) 绿篱

一般以常绿花、灌木为主。通常采用株行距密植的方法，可分为单排、双排、片植(三排以上含三排)等不同的种植形式，起到区域阻隔作用。

绿篱根据冠丛高度，分为 50cm 以内、100cm 以内、150cm 以内、200cm 以内、200cm 以上五种规格。

绿篱(单排)、绿篱(双排)以“m”为单位计算工程量；绿篱(片植)以“m^2”为单位计算工程量。

(4) 竹类

属禾本科竹亚科植物，秆木质，通常浑圆有节，皮翠绿色为主，是一种观赏价值和经济价值都较高的植物类群。

竹类养护根据品种不同，分为地被竹、散生竹、丛生竹三种类型。

地被竹和散生竹均以“m^2”为单位计算工程量，丛生竹以“丛”为单位计算工程量。

(5) 球形植物

是指经人工修剪、培育、养护，保持特定外形(一般以球形为主)的园林植物。

球形植物根据蓬径大小分为 50cm 以内、100cm 以内、150cm 以内、200cm 以内、200cm 以上五种规格。

球形植物均以“株”为单位计算工程量。

(6) 攀缘植物

指具有细长茎蔓，并借助卷须、缠绕茎、吸盘或吸附根等特殊器官，依附于其他物体才能使自身攀缘上升的植物。

攀缘植物养护包括墙体、藤架、廊架等处攀缘植物的养护。

攀缘植物均以实际覆盖面积以“m^2”为单位计算工程量。

(7) 地被植物

指植株低矮、枝叶密集，具有较强扩展能力，能迅速覆盖裸露平地或坡地的植物，高度一般不超过 60cm。

地被植物根据栽植方式的不同，分为单排、双排、片植三种方式。

地被植物单排和双排以“m”为单位计算工程量，片植以“m^2”为单位计算工程量。

(8) 花坛花境

包括花坛和花境以及立体花坛等养护内容。

① 花坛是指在特定范围内运用花卉植物表现图案或色彩的配植方式。

② 花境是指园林绿地中模拟自然界中林地边缘地带多种野生花卉交错生长的状态，运用艺术手法提炼、设计而成的一种带状花卉布置形式。

③ 立体花坛是指重叠式花坛，以花卉植物栽植为主。

花坛花境均以植物的覆盖面积以“m^2”为单位计算工程量。

(9) 草坪

指需定期轧剪的覆盖地表的低矮草层。大多选用质地纤细、耐践踏的禾本科植物为主。

草坪根据草种分为暖季型、冷季型、混合型三种；根据栽植方式不同，又分为追播、散铺、满铺、直生带四种。

草坪除直生带以“m”为单位计算工程量外，其他均以“m^2”为单位计算工程量。

(10) 水生植物

指喜欢生长在潮湿地和水中的园林植物，包括挺水植物、浮叶植物、沉水植物和漂浮植物。

水生植物根据栽植方式不同，分为塘植、盆植、浮岛三种类型。

水生植物塘植以“丛”为单位、盆植以“盆(缸)”为单位、浮岛以“m^2”为单位计算工程量。

4. 其他说明

(1) 本章定额项目

① 未包括新增的苗木、花卉等材料费用。

② 少量零星苗木的调整移植费用，已包括在定额项目中。

(2) 本章定额项目消耗量除规定者外，均不作调整。

(3) 等级外绿地、行道树、容器植物、垂直绿化、古树名木等绿化养护工程内容参见本定额第四章相关规定执行。

(4) 屋顶绿化养护费用计算，参照本章定额相对应的项目执行。因浇灌方式不同，可换算，参照本定额第四章章说明有关规定执行。

一、乔　　木

工作内容：浇水排水、施肥修剪、松土除草、竖桩维护、除虫保洁、调整移植。

定　额　编　号				LY2-1-1	LY2-1-2	LY2-1-3	LY2-1-4
项　　目			单位	乔木(常绿)			
				胸径在 cm 以内			
				5	10	15	20
				株	株	株	株
人工	00090115	养护工	工日	0.1120	0.2485	0.3743	0.5001
材料	32490341	肥料	kg	0.1886	0.4186	0.4419	0.4651
	32490551	药剂	kg	0.0189	0.0420	0.0443	0.0467
	34110101	水	m^3	0.0908	0.2015	0.3096	0.4178
		其他材料费	%	5.0000	5.0000	5.0000	5.0000
机械	99310020	洒水车 4000L	台班	0.0027	0.0060	0.0063	0.0066

工作内容：浇水排水、施肥修剪、松土除草、竖桩维护、除虫保洁、调整移植。

定　额　编　号				LY2-1-5	LY2-1-6	LY2-1-7
项　　目			单位	乔木(常绿)		
				胸径在 cm 以内		胸径在 cm 以上
				30	40	40
				株	株	株
人工	00090115	养护工	工日	0.8076	1.1379	1.4910
材料	32490341	肥料	kg	0.5168	0.5685	0.6253
	32490551	药剂	kg	0.0518	0.0570	0.0627
	34110101	水	m^3	0.6289	0.8400	1.0509
		其他材料费	%	5.0000	5.0000	5.0000
机械	99310020	洒水车 4000L	台班	0.0074	0.0081	0.0090

工作内容：浇水排水、施肥修剪、松土除草、竖桩维护、除虫保洁、调整移植。

定　额　编　号				LY2-1-8	LY2-1-9	LY2-1-10	LY2-1-11
项　　目			单位	乔木(落叶)			
				胸径在 cm 以内			
				5	10	15	20
				株	株	株	株
人工	00090115	养护工	工日	0.1782	0.3956	0.4729	0.5501
材料	32490341	肥料	kg	0.2357	0.5233	0.5495	0.5757
	32490551	药剂	kg	0.0210	0.0467	0.0492	0.0518
	34110101	水	m^3	0.0649	0.1440	0.2215	0.2991
		其他材料费	%	5.0000	5.0000	5.0000	5.0000
机械	99310020	洒水车 4000L	台班	0.0031	0.0069	0.0073	0.0078

工作内容：浇水排水、施肥修剪、松土除草、竖桩维护、除虫保洁、调整移植。

定额编号				LY2-1-12	LY2-1-13	LY2-1-14
项目			单位	乔木(落叶)		
				胸径在 cm 以内		胸径在 cm 以上
				30	40	40
				株	株	株
人工	00090115	养护工	工日	0.8884	1.2386	1.6401
材料	32490341	肥料	kg	0.6460	0.7106	0.7817
	32490551	药剂	kg	0.0576	0.0633	0.0697
	34110101	水	m^3	0.4545	0.6185	0.7882
		其他材料费	%	5.0000	5.0000	5.0000
机械	99310020	洒水车 4000L	台班	0.0085	0.0094	0.0104

二、灌 木

工作内容：浇水排水、施肥修剪、松土除草、竖桩维护、除虫保洁、调整移植。

定额编号				LY2-2-1	LY2-2-2	LY2-2-3	LY2-2-4
项目			单位	灌木(常绿)			
				灌丛高度在 cm 以内			
				50	100	150	200
				株	株	株	株
人工	00090115	养护工	工日	0.0119	0.0264	0.0597	0.0930
材料	32490341	肥料	kg	0.1048	0.2326	0.2584	0.2842
	32490551	药剂	kg	0.0149	0.0331	0.0368	0.0405
	34110101	水	m^3	0.0118	0.0262	0.0347	0.0431
		其他材料费	%	5.0000	5.0000	5.0000	5.0000
机械	99310020	洒水车 4000L	台班	0.0019	0.0041	0.0046	0.0050

工作内容：浇水排水、施肥修剪、松土除草、竖桩维护、除虫保洁、调整移植。

定额编号				LY2-2-5	LY2-2-6	LY2-2-7
项目			单位	灌木(常绿)		
				灌丛高度在 cm 以内		灌丛高度在 cm 以上
				250	300	300
				株	株	株
人工	00090115	养护工	工日	0.1431	0.1932	0.3020
材料	32490341	肥料	kg	0.3141	0.3439	0.3955
	32490551	药剂	kg	0.0448	0.0490	0.0564
	34110101	水	m^3	0.0536	0.0640	0.0735
		其他材料费	%	5.0000	5.0000	5.0000
机械	99310020	洒水车 4000L	台班	0.0056	0.0061	0.0087

工作内容：浇水排水、施肥修剪、松土除草、竖桩维护、除虫保洁、调整移植。

定额编号				LY2-2-8	LY2-2-9	LY2-2-10	LY2-2-11
项目			单位	灌木(落叶)			
				灌丛高度在 cm 以内			
				50	100	150	200
				株	株	株	株
人工	00090115	养护工	工日	0.0302	0.0671	0.1068	0.1464
材料	32490341	肥料	kg	0.1467	0.3256	0.3618	0.3979
	32490551	药剂	kg	0.0168	0.0373	0.0414	0.0455
	34110101	水	m^3	0.0094	0.0209	0.0277	0.0345
		其他材料费	%	5.0000	5.0000	5.0000	5.0000
机械	99310020	洒水车 4000L	台班	0.0024	0.0053	0.0059	0.0065

工作内容：浇水排水、施肥修剪、松土除草、竖桩维护、除虫保洁、调整移植。

定额编号				LY2-2-12	LY2-2-13	LY2-2-14
项目			单位	灌木(落叶)		
				灌丛高度在 cm 以内		灌丛高度在 cm 以上
				250	300	300
				株	株	株
人工	00090115	养护工	工日	0.1941	0.2418	0.3669
材料	32490341	肥料	kg	0.4397	0.4815	0.5538
	32490551	药剂	kg	0.0504	0.0552	0.0634
	34110101	水	m^3	0.0428	0.0512	0.0593
		其他材料费	%	5.0000	5.0000	5.0000
机械	99310020	洒水车 4000L	台班	0.0072	0.0079	0.0087

三、绿　　篱

工作内容：浇水排水、施肥修剪、松土除草、除虫保洁、调整移植。

定额编号				LY2-3-1	LY2-3-2	LY2-3-3	LY2-3-4
项目			单位	绿篱(单排)			
				高度在 cm 以内			
				50	100	150	200
				m	m	m	m
人工	00090115	养护工	工日	0.0075	0.0165	0.0184	0.0203
材料	32490341	肥料	kg	0.0677	0.1503	0.1670	0.1837
	32490551	药剂	kg	0.0016	0.0036	0.0040	0.0044
	34110101	水	m^3	0.0216	0.0480	0.1039	0.1599
		其他材料费	%	5.0000	5.0000	5.0000	5.0000
机械	99310020	洒水车 4000L	台班	0.0005	0.0011	0.0012	0.0014

工作内容：浇水排水、施肥修剪、松土除草、除虫保洁、调整移植。

定额编号				LY2-3-5
项目			单位	绿篱(单排)
				高度在 cm 以上
				200
				m
人工	00090115	养护工	工日	0.0222
材料	32490341	肥料	kg	0.2020
	32490551	药剂	kg	0.0049
	34110101	水	m^3	0.3343
		其他材料费	%	5.0000
机械	99310020	洒水车 4000L	台班	0.0015

工作内容：浇水排水、施肥修剪、松土除草、除虫保洁、调整移植。

定额编号				LY2-3-6	LY2-3-7	LY2-3-8	LY2-3-9
项目			单位	绿篱(双排)			
				高度在 cm 以内			
				50	100	150	200
				m	m	m	m
人工	00090115	养护工	工日	0.0112	0.0248	0.0276	0.0303
材料	32490341	肥料	kg	0.1016	0.2255	0.2505	0.2755
	32490551	药剂	kg	0.0023	0.0050	0.0055	0.0061
	34110101	水	m^3	0.0288	0.0640	0.1663	0.2686
		其他材料费	%	5.0000	5.0000	5.0000	5.0000
机械	99310020	洒水车 4000L	台班	0.0007	0.0015	0.0017	0.0019

工作内容：浇水排水、施肥修剪、松土除草、除虫保洁、调整移植。

定额编号				LY2-3-10
项目			单位	绿篱(双排)
				高度在 cm 以上
				200
				m
人工	00090115	养护工	工日	0.0379
材料	32490341	肥料	kg	0.3444
	32490551	药剂	kg	0.0076
	34110101	水	m^3	0.3357
		其他材料费	%	5.0000
机械	99310020	洒水车 4000L	台班	0.0023

工作内容：浇水排水、施肥修剪、松土除草、除虫保洁、调整移植。

定额编号				LY2-3-11	LY2-3-12	LY2-3-13	LY2-3-14
项目			单位	绿篱(片植)			
				高度在 cm 以内			
				50	100	150	200
				m^2	m^2	m^2	m^2
人工	00090115	养护工	工日	0.0285	0.0634	0.0704	0.0774
材料	32490341	肥料	kg	0.1016	0.2255	0.2505	0.2755
	32490551	药剂	kg	0.0025	0.0055	0.0061	0.0068
	34110101	水	m^3	0.0864	0.1919	0.2132	0.2345
		其他材料费	%	5.0000	5.0000	5.0000	5.0000
机械	99310020	洒水车 4000L	台班	0.0008	0.0019	0.0021	0.0023

工作内容：浇水排水、施肥修剪、松土除草、除虫保洁、调整移植。

定额编号				LY2-3-15
项目			单位	绿篱(片植)
				高度在 cm 以上
				200
				m^2
人工	00090115	养护工	工日	0.0968
材料	32490341	肥料	kg	0.3444
	32490551	药剂	kg	0.0085
	34110101	水	m^3	0.2931
		其他材料费	%	5.0000
机械	99310020	洒水车 4000L	台班	0.0028

四、竹　　类

工作内容：浇水排水、施肥修剪、松土除草、除虫保洁、调整移植。

定额编号				LY2-4-1	LY2-4-2	LY2-4-3
项目			单位	竹类		
				地被竹	散生竹	丛生竹
				m^2	m^2	丛
人工	00090115	养护工	工日	0.0421	0.0520	0.1041
材料	32490341	肥料	kg	0.1353	0.1670	0.3340
	32490551	药剂	kg	0.0033	0.0040	0.0081
	34110101	水	m^3	0.0600	0.1199	0.2398
		其他材料费	%	5.0000	5.0000	5.0000
机械	99310020	洒水车 4000L	台班	0.0011	0.0013	0.0026

五、球形植物

工作内容：浇水排水、整形修剪、施肥松土、防治虫害、除草保洁、调整移植。

定额编号				LY2-5-1	LY2-5-2	LY2-5-3	LY2-5-4
项目			单位	球形植物			
				蓬径在 cm 以内			
				50	100	150	200
				株	株	株	株
人工	00090115	养护工	工日	0.0327	0.0726	0.1608	0.2491
材料	32490341	肥料	kg	0.2122	0.4709	0.5262	0.5814
	32490551	药剂	kg	0.0227	0.0503	0.0562	0.0622
	34110101	水	m^3	0.0305	0.0676	0.0843	0.1009
		其他材料费	%	5.0000	5.0000	5.0000	5.0000
机械	99310020	洒水车 4000L	台班	0.0028	0.0062	0.0070	0.0078

工作内容：浇水排水、整形修剪、施肥松土、防治虫害、除草保洁、调整移植。

定额编号				LY2-5-5
项目			单位	球形植物
				蓬径在 cm 以上
				200
				株
人工	00090115	养护工	工日	0.5453
材料	32490341	肥料	kg	0.7106
	32490551	药剂	kg	0.0760
	34110101	水	m^3	0.1349
		其他材料费	%	5.0000
机械	99310020	洒水车 4000L	台班	0.0094

六、攀缘植物

工作内容：浇水排水、施肥修剪、松土除草、攀附牵引、除虫保洁、调整移植。

定额编号				LY2-6-1
项目			单位	攀缘植物
				覆盖面积
				m^2
人工	00090115	养护工	工日	0.1356
材料	32490341	肥料	kg	0.3876
	32490551	药剂	kg	0.0557
	34110101	水	m^3	0.0685
		其他材料费	%	5.0000
机械	99310020	洒水车 4000L	台班	0.0069

七、地 被 植 物

工作内容：浇水排水、施肥修剪、松土除草、除虫保洁、调整移植。

定　额　编　号				LY2-7-1	LY2-7-2	LY2-7-3
项　　目			单位	地被植物		
				单排	双排	片植
				m	m	m^2
人工	00090115	养护工	工日	0.0441	0.0588	0.0735
材料	32490341	肥料	kg	0.1503	0.2004	0.2505
	32490551	药剂	kg	0.0037	0.0049	0.0061
	34110101	水	m^3	0.0240	0.0320	0.0400
		其他材料费	%	5.0000	5.0000	5.0000
机械	99310020	洒水车 4000L	台班	0.0008	0.0011	0.0014

八、花 坛 花 境

工作内容：浇水排水、施肥修剪、松土除草、除虫保洁、调整移植。

定　额　编　号				LY2-8-1	LY2-8-2	LY2-8-3	LY2-8-4
项　　目			单位	花坛、花境			
				花坛	花境		
					草本类	木本类	宿根类
				m^2	m^2	m^2	m^2
人工	00090115	养护工	工日	0.0842	0.0758	0.0689	0.0620
材料	32490341	肥料	kg	0.5510	0.5511	0.5010	0.4509
	32490551	药剂	kg	0.0068	0.0068	0.0061	0.0055
	34110101	水	m^3	0.2364	0.1531	0.1391	0.1252
		其他材料费	%	5.0000	5.0000	5.0000	5.0000
机械	99310020	洒水车 4000L	台班	0.0023	0.0023	0.0021	0.0019

工作内容：浇水排水、施肥修剪、松土除草、除虫保洁、调整移植。

定　额　编　号				LY2-8-5
项　　目			单位	花坛、花境
				立体花坛
				m^2
人工	00090115	养护工	工日	0.1561
材料	32490341	肥料	kg	0.6062
	32490551	药剂	kg	0.0074
	34110101	水	m^3	0.4729
		其他材料费	%	5.0000
机械	99310020	洒水车 4000L	台班	0.0025

九、草　坪

工作内容：浇水排水、施肥修剪、松土除草、切边整形、除虫保洁、调整移植。

定额编号				LY2-9-1	LY2-9-2	LY2-9-3	LY2-9-4
项目			单位	草坪			
				暖季型			
				追播	散铺	满铺	直生带
				m^2	m^2	m^2	m
人工	00090115	养护工	工日	0.0480	0.0349	0.0437	0.0262
材料	32490341	肥料	kg	0.2205	0.1603	0.2004	0.1203
	32490551	药剂	kg	0.0036	0.0026	0.0033	0.0020
	34110101	水	m^3	0.0938	0.0682	0.0853	0.0512
		其他材料费	%	5.0000	5.0000	5.0000	5.0000
机械	99310020	洒水车 4000L	台班	0.0027	0.0019	0.0024	0.0015

工作内容：浇水排水、施肥修剪、松土除草、切边整形、除虫保洁、调整移植。

定额编号				LY2-9-5	LY2-9-6	LY2-9-7	LY2-9-8
项目			单位	草坪			
				冷季型			
				追播	散铺	满铺	直生带
				m^2	m^2	m^2	m
人工	00090115	养护工	工日	0.0624	0.0454	0.0568	0.0341
材料	32490341	肥料	kg	0.2645	0.1924	0.2405	0.1443
	32490551	药剂	kg	0.0054	0.0039	0.0049	0.0030
	34110101	水	m^3	0.1125	0.0819	0.1023	0.0614
		其他材料费	%	5.0000	5.0000	5.0000	5.0000
机械	99310020	洒水车 4000L	台班	0.0039	0.0028	0.0036	0.0021

工作内容：浇水排水、施肥修剪、松土除草、切边整形、除虫保洁、调整移植。

定额编号				LY2-9-9	LY2-9-10	LY2-9-11	LY2-9-12
项目			单位	草坪			
				混合型			
				追播	散铺	满铺	直生带
				m^2	m^2	m^2	m
人工	00090115	养护工	工日	0.0890	0.0647	0.0809	0.0486
材料	32490341	肥料	kg	0.2232	0.1623	0.2029	0.1217
	32490551	药剂	kg	0.0046	0.0033	0.0041	0.0025
	34110101	水	m^3	0.1183	0.0860	0.1076	0.0645
		其他材料费	%	5.0000	5.0000	5.0000	5.0000
机械	99310020	洒水车 4000L	台班	0.0030	0.0022	0.0028	0.0017

十、水 生 植 物

工作内容：清除枯叶、分株复壮、调换盆(缸)、调整移植等。

定额编号				LY2-10-1	LY2-10-2	LY2-10-3
项目			单位	水生植物		
				塘植	盆(缸)植	浮岛
				丛	盆(缸)	m^2
人工	00090115	养护工	工日	0.0489	0.1082	0.0573
材料	32490341	肥料	kg	0.2584	0.3876	
	32490551	药剂	kg	0.0304	0.0455	0.0259
		其他材料费	%	5.0000	5.0000	5.0000

第三章　三级绿地养护

说　明

1. 适用范围

本章内容适用于园林绿地三级养护预算费用的计算。

2. 组成内容

本章共10节75个定额子目。其中：

第一节　乔木，包括常绿乔木、落叶乔木。

第二节　灌木，包括常绿灌木、落叶灌木。

第三节　绿篱，包括绿篱单排、绿篱双排、绿篱片植。

第四节　竹类，包括地被竹、散生竹、丛生竹。

第五节　球形植物，包括5种不同的蓬径规格。

第六节　攀缘植物。

第七节　地被植物，包括单排、双排、片植。

第八节　花坛花境，包括花坛、花境、立体花坛。

第九节　草坪，包括暖季型、冷季型、混合型三种类型草坪。

第十节　水生植物，包括塘植、盆(缸)植、浮岛。

3. 项目说明

(1) 乔木

指园林中体量高大的植物，通常分枝点高，具有单一的树干，而且树干和树冠有明显的区分，可分为常绿乔木和落叶乔木。

乔木根据胸径大小，分为5cm以内、10cm以内、15cm以内、20cm以内、30cm以内、40cm以内、40cm以上七种规格。

乔木均以“株”为单位计算工程量。

(2) 灌木

属于中等大小的植物，通常多呈丛生状态，无明显主干，分枝点离地面较近；亦有常绿、落叶之分。若灌木成片种植，可参照绿篱片植项目计算费用。

灌木根据冠丛高度，分为50cm以内、100cm以内、150cm以内、200cm以内、250cm以内、300cm以内、300cm以上七种规格。

灌木均以“株”为单位计算工程量。

(3) 绿篱

一般以常绿花、灌木为主。通常采用株行距密植的方法，可分为单排、双排、片植(三排以上含三排)等不同的种植形式，起到区域阻隔作用。

绿篱根据冠丛高度，分为50cm以内、100cm以内、150cm以内、200cm以内、200cm以上五种规格。

绿篱(单排)、绿篱(双排)以“m”为单位计算工程量；绿篱(片植)以“m^2”为单位计算工程量。

(4) 竹类

属禾本科竹亚科植物，秆木质，通常浑圆有节，皮翠绿色为主，是一种观赏价值和经济价值都较高的植物类群。

竹类养护根据品种不同，分为地被竹、散生竹、丛生竹三种类型。

地被竹和散生竹均以“m^2”为单位计算工程量，丛生竹以“丛”为单位计算工程量。

(5) 球形植物

是指经人工修剪、培育、养护，保持特定外形(一般以球形为主)的园林植物。

球形植物根据蓬径大小分为 50cm 以内、100cm 以内、150cm 以内、200cm 以内、200cm 以上五种规格。

球形植物均以“株”为单位计算工程量。

(6) 攀缘植物

指具有细长茎蔓，并借助卷须、缠绕茎、吸盘或吸附根等特殊器官，依附于其他物体才能使自身攀缘上升的植物。

攀缘植物养护包括墙体、藤架、廊架等处攀缘植物的养护。

攀缘植物均以实际覆盖面积以“m^2”为单位计算工程量。

(7) 地被植物

指植株低矮、枝叶密集，具有较强扩展能力，能迅速覆盖裸露平地或坡地的植物，高度一般不超过 60cm。

地被植物根据栽植方式的不同，分为单排、双排、片植三种方式。

地被植物单排和双排以“m”为单位计算工程量，片植以“m^2”为单位计算工程量。

(8) 花坛花境

包括花坛和花境以及立体花坛等养护内容。

① 花坛是指在特定范围内运用花卉植物表现图案或色彩的配植方式。

② 花境是指园林绿地中模拟自然界中林地边缘地带多种野生花卉交错生长的状态，运用艺术手法提炼、设计而成的一种带状花卉布置形式。

③ 立体花坛是指重叠式花坛，以花卉植物栽植为主。

花坛花境均以植物的覆盖面积以“m^2”为单位计算工程量。

(9) 草坪

指需定期轧剪的覆盖地表的低矮草层。大多选用质地纤细、耐践踏的禾本科植物为主。

草坪根据草种分为暖季型、冷季型、混合型三种；根据栽植方式不同，又分为追播、散铺、满铺、直生带四种。

草坪除直生带以“m”为单位计算工程量外，其他均以“m^2”为单位计算工程量。

(10) 水生植物

指喜欢生长在潮湿地和水中的园林植物，包括挺水植物、浮叶植物、沉水植物和漂浮植物。

水生植物根据栽植方式不同，分为塘植、盆植、浮岛三种类型。

水生植物塘植以“丛”为单位、盆植以“盆(缸)”为单位、浮岛以“m^2”为单位计算工程量。

4. 其他说明

(1) 本章定额项目

① 未包括新增的苗木、花卉等材料费用。

② 少量零星苗木的调整移植费用，已包括在定额项目中。

(2) 本章定额项目消耗量除规定者外，均不作调整。

(3) 等级外绿地、行道树、容器植物、垂直绿化、古树名木等绿化养护工程内容参见本定额第四章相关规定执行。

(4) 屋顶绿化养护费用计算，参照本章定额相对应的项目执行。因浇灌方式不同，可换算，参照本定额第四章章说明有关规定执行。

一、乔　　木

工作内容：浇水排水、施肥修剪、松土除草、竖桩维护、除虫保洁、调整移植。

定额编号				LY3-1-1	LY3-1-2	LY3-1-3	LY3-1-4
项目			单位	乔木(常绿)			
				胸径在 cm 以内			
				5	10	15	20
				株	株	株	株
人工	00090115	养护工	工日	0.0751	0.1667	0.2510	0.3354
材料	32490341	肥料	kg	0.1265	0.2807	0.2963	0.3119
	32490551	药剂	kg	0.0127	0.0282	0.0297	0.0313
	34110101	水	m^3	0.0609	0.1351	0.2076	0.2802
		其他材料费	%	5.0000	5.0000	5.0000	5.0000
机械	99310020	洒水车 4000L	台班	0.0018	0.0040	0.0042	0.0044

工作内容：浇水排水、施肥修剪、松土除草、竖桩维护、除虫保洁、调整移植。

定额编号				LY3-1-5	LY3-1-6	LY3-1-7
项目			单位	乔木(常绿)		
				胸径在 cm 以内		胸径在 cm 以上
				30	40	40
				株	株	株
人工	00090115	养护工	工日	0.5416	0.7630	0.9999
材料	32490341	肥料	kg	0.3466	0.3812	0.4193
	32490551	药剂	kg	0.0347	0.0382	0.0420
	34110101	水	m^3	0.4217	0.5633	0.7047
		其他材料费	%	5.0000	5.0000	5.0000
机械	99310020	洒水车 4000L	台班	0.0049	0.0054	0.0060

工作内容：浇水排水、施肥修剪、松土除草、竖桩维护、除虫保洁、调整移植。

定额编号				LY3-1-8	LY3-1-9	LY3-1-10	LY3-1-11
项目			单位	乔木(落叶)			
				胸径在 cm 以内			
				5	10	15	20
				株	株	株	株
人工	00090115	养护工	工日	0.1195	0.2653	0.3171	0.3689
材料	32490341	肥料	kg	0.1581	0.3509	0.3685	0.3861
	32490551	药剂	kg	0.0141	0.0313	0.0330	0.0347
	34110101	水	m^3	0.0435	0.0965	0.1486	0.2006
		其他材料费	%	5.0000	5.0000	5.0000	5.0000
机械	99310020	洒水车 4000L	台班	0.0021	0.0046	0.0049	0.0052

工作内容： 浇水排水、施肥修剪、松土除草、竖桩维护、除虫保洁、调整移植。

定额编号				LY3-1-12	LY3-1-13	LY3-1-14
项目			单位	乔木(落叶)		
				胸径在 cm 以内		胸径在 cm 以上
				30	40	40
				株	株	株
人工	00090115	养护工	工日	0.5957	0.8306	1.0998
材料	32490341	肥料	kg	0.4332	0.4765	0.5242
	32490551	药剂	kg	0.0386	0.0425	0.0467
	34110101	水	m^3	0.3048	0.4147	0.5286
		其他材料费	%	5.0000	5.0000	5.0000
机械	99310020	洒水车 4000L	台班	0.0057	0.0063	0.0070

二、灌　木

工作内容： 浇水排水、施肥修剪、松土除草、竖桩维护、除虫保洁、调整移植。

定额编号				LY3-2-1	LY3-2-2	LY3-2-3	LY3-2-4
项目			单位	灌木(常绿)			
				灌丛高度在 cm 以内			
				50	100	150	200
				株	株	株	株
人工	00090115	养护工	工日	0.0080	0.0177	0.0400	0.0623
材料	32490341	肥料	kg	0.0703	0.1560	0.1733	0.1906
	32490551	药剂	kg	0.0100	0.0222	0.0247	0.0272
	34110101	水	m^3	0.0079	0.0175	0.0232	0.0289
		其他材料费	%	5.0000	5.0000	5.0000	5.0000
机械	99310020	洒水车 4000L	台班	0.0012	0.0028	0.0031	0.0034

工作内容： 浇水排水、施肥修剪、松土除草、竖桩维护、除虫保洁、调整移植。

定额编号				LY3-2-5	LY3-2-6	LY3-2-7
项目			单位	灌木(常绿)		
				灌丛高度在 cm 以内		灌丛高度在 cm 以上
				250	300	300
				株	株	株
人工	00090115	养护工	工日	0.0959	0.1294	0.2025
材料	32490341	肥料	kg	0.2106	0.2306	0.2652
	32490551	药剂	kg	0.0300	0.0329	0.0378
	34110101	水	m^3	0.0359	0.0429	0.0493
		其他材料费	%	5.0000	5.0000	5.0000
机械	99310020	洒水车 4000L	台班	0.0037	0.0041	0.0058

工作内容：浇水排水、施肥修剪、松土除草、竖桩维护、除虫保洁、调整移植。

定额编号				LY3-2-8	LY3-2-9	LY3-2-10	LY3-2-11
项目			单位	灌木(落叶)			
				灌丛高度在 cm 以内			
				50	100	150	200
				株	株	株	株
人工	00090115	养护工	工日	0.0203	0.0450	0.0716	0.0982
材料	32490341	肥料	kg	0.0984	0.2183	0.2426	0.2669
	32490551	药剂	kg	0.0113	0.0250	0.0278	0.0305
	34110101	水	m^3	0.0063	0.0140	0.0186	0.0231
		其他材料费	%	5.0000	5.0000	5.0000	5.0000
机械	99310020	洒水车 4000L	台班	0.0016	0.0036	0.0039	0.0043

工作内容：浇水排水、施肥修剪、松土除草、竖桩维护、除虫保洁、调整移植。

定额编号				LY3-2-12	LY3-2-13	LY3-2-14
项目			单位	灌木(落叶)		
				灌丛高度在 cm 以内		灌丛高度在 cm 以上
				250	300	300
				株	株	株
人工	00090115	养护工	工日	0.1301	0.1620	0.2458
材料	32490341	肥料	kg	0.2949	0.3229	0.3713
	32490551	药剂	kg	0.0338	0.0370	0.0425
	34110101	水	m^3	0.0287	0.0343	0.0398
		其他材料费	%	5.0000	5.0000	5.0000
机械	99310020	洒水车 4000L	台班	0.0048	0.0053	0.0058

三、绿　　篱

工作内容：浇水排水、施肥修剪、松土除草、除虫保洁、调整移植。

定额编号				LY3-3-1	LY3-3-2	LY3-3-3	LY3-3-4
项目			单位	绿篱(单排)			
				高度在 cm 以内			
				50	100	150	200
				m	m	m	m
人工	00090115	养护工	工日	0.0050	0.0111	0.0123	0.0136
材料	32490341	肥料	kg	0.0454	0.1008	0.1120	0.1232
	32490551	药剂	kg	0.0011	0.0024	0.0027	0.0030
	34110101	水	m^3	0.0145	0.0322	0.0697	0.1072
		其他材料费	%	5.0000	5.0000	5.0000	5.0000
机械	99310020	洒水车 4000L	台班	0.0003	0.0008	0.0008	0.0009

工作内容：浇水排水、施肥修剪、松土除草、除虫保洁、调整移植。

定额编号				LY3-3-5
项目			单位	绿篱(单排)
				高度在cm以上
				200
				m
人工	00090115	养护工	工日	0.0149
材料	32490341	肥料	kg	0.1355
	32490551	药剂	kg	0.0033
	34110101	水	m³	0.2242
		其他材料费	%	5.0000
机械	99310020	洒水车 4000L	台班	0.0010

工作内容：浇水排水、施肥修剪、松土除草、除虫保洁、调整移植。

定额编号				LY3-3-6	LY3-3-7	LY3-3-8	LY3-3-9
项目			单位	绿篱(双排)			
				高度在cm以内			
				50	100	150	200
				m	m	m	m
人工	00090115	养护工	工日	0.0075	0.0166	0.0185	0.0203
材料	32490341	肥料	kg	0.0681	0.1512	0.1680	0.1848
	32490551	药剂	kg	0.0015	0.0034	0.0037	0.0041
	34110101	水	m³	0.0193	0.0429	0.1115	0.1801
		其他材料费	%	5.0000	5.0000	5.0000	5.0000
机械	99310020	洒水车 4000L	台班	0.0005	0.0010	0.0011	0.0012

工作内容：浇水排水、施肥修剪、松土除草、除虫保洁、调整移植。

定额编号				LY3-3-10
项目			单位	绿篱(双排)
				高度在cm以上
				200
				m
人工	00090115	养护工	工日	0.0254
材料	32490341	肥料	kg	0.2309
	32490551	药剂	kg	0.0051
	34110101	水	m³	0.2251
		其他材料费	%	5.0000
机械	99310020	洒水车 4000L	台班	0.0016

工作内容：浇水排水、施肥修剪、松土除草、除虫保洁、调整移植。

定额编号				LY3-3-11	LY3-3-12	LY3-3-13	LY3-3-14
项目			单位	绿篱(片植)			
				高度在 cm 以内			
				50	100	150	200
				m^2	m^2	m^2	m^2
人工	00090115	养护工	工日	0.0191	0.0425	0.0472	0.0519
材料	32490341	肥料	kg	0.6810	0.1512	0.1680	0.1848
	32490551	药剂	kg	0.0017	0.0037	0.0041	0.0046
	34110101	水	m^3	0.0580	0.1287	0.1430	0.1573
		其他材料费	%	5.0000	5.0000	5.0000	5.0000
机械	99310020	洒水车 4000L	台班	0.0006	0.0012	0.0014	0.0015

工作内容：浇水排水、施肥修剪、松土除草、除虫保洁、调整移植。

定额编号				LY3-3-15
项目			单位	绿篱(片植)
				高度在 cm 以上
				200
				m^2
人工	00090115	养护工	工日	0.0649
材料	32490341	肥料	kg	0.2309
	32490551	药剂	kg	0.0057
	34110101	水	m^3	0.1966
		其他材料费	%	5.0000
机械	99310020	洒水车 4000L	台班	0.0019

四、竹　　类

工作内容：浇水排水、施肥修剪、松土除草、除虫保洁、调整移植。

定额编号				LY3-4-1	LY3-4-2	LY3-4-3
项目			单位	竹类		
				地被竹	散生竹	丛生竹
				m^2	m^2	丛
人工	00090115	养护工	工日	0.0282	0.0349	0.0698
材料	32490341	肥料	kg	0.0907	0.1120	0.2240
	32490551	药剂	kg	0.0022	0.0027	0.0054
	34110101	水	m^3	0.0402	0.0804	0.1608
		其他材料费	%	5.0000	5.0000	5.0000
机械	99310020	洒水车 4000L	台班	0.0007	0.0009	0.0017

五、球 形 植 物

工作内容：浇水排水、整形修剪、施肥松土、防治虫害、除草保洁、调整移植。

定 额 编 号				LY3-5-1	LY3-5-2	LY3-5-3	LY3-5-4
项 目			单位	球形植物			
				蓬径在 cm 以内			
				50	100	150	200
				株	株	株	株
人工	00090115	养护工	工日	0.0219	0.0486	0.1078	0.1670
材料	32490341	肥料	kg	0.1423	0.3158	0.3528	0.3899
	32490551	药剂	kg	0.0152	0.0337	0.0377	0.0417
	34110101	水	m^3	0.0204	0.0453	0.0565	0.0677
		其他材料费	%	5.0000	5.0000	5.0000	5.0000
机械	99310020	洒水车 4000L	台班	0.0019	0.0042	0.0047	0.0052

工作内容：浇水排水、整形修剪、施肥松土、防治虫害、除草保洁、调整移植。

定 额 编 号				LY3-5-5
项 目			单位	球形植物
				蓬径在 cm 以上
				200
				株
人工	00090115	养护工	工日	0.3656
材料	32490341	肥料	kg	0.4765
	32490551	药剂	kg	0.0510
	34110101	水	m^3	0.0905
		其他材料费	%	5.0000
机械	99310020	洒水车 4000L	台班	0.0063

六、攀 缘 植 物

工作内容：浇水排水、施肥修剪、松土除草、攀附牵引、除虫保洁、调整移植。

定 额 编 号				LY3-6-1
项 目			单位	攀缘植物
				覆盖面积
				m^2
人工	00090115	养护工	工日	0.0909
材料	32490341	肥料	kg	0.2599
	32490551	药剂	kg	0.0374
	34110101	水	m^3	0.0459
		其他材料费	%	5.0000
机械	99310020	洒水车 4000L	台班	0.0046

七、地 被 植 物

工作内容：浇水排水、施肥修剪、松土除草、除虫保洁、调整移植。

定额编号				LY3-7-1	LY3-7-2	LY3-7-3
项目			单位	地被植物		
				单排	双排	片植
				m	m	m^2
人工	00090115	养护工	工日	0.0296	0.0394	0.0493
材料	32490341	肥料	kg	0.1008	0.1344	0.1680
	32490551	药剂	kg	0.0025	0.0033	0.0041
	34110101	水	m^3	0.0161	0.0214	0.0268
		其他材料费	%	5.0000	2.0000	5.0000
机械	99310020	洒水车 4000L	台班	0.0006	0.0007	0.0009

八、花 坛 花 境

工作内容：浇水排水、施肥修剪、松土除草、除虫保洁、调整移植。

定额编号				LY3-8-1	LY3-8-2	LY3-8-3	LY3-8-4
项目			单位	花坛、花镜			
				花坛	花镜		
					草本类	木本类	宿根类
				m^2	m^2	m^2	m^2
人工	00090115	养护工	工日	0.0564	0.0508	0.0462	0.0416
材料	32490341	肥料	kg	0.3695	0.3695	0.3359	0.3024
	32490551	药剂	kg	0.0046	0.0045	0.0041	0.0037
	34110101	水	m^3	0.1586	0.1026	0.0933	0.0840
		其他材料费	%	5.0000	5.0000	5.0000	5.0000
机械	99310020	洒水车 4000L	台班	0.0015	0.0015	0.0014	0.0013

工作内容：浇水排水、施肥修剪、松土除草、除虫保洁、调整移植。

定额编号				LY3-8-5
项目			单位	花坛、花镜
				立体花坛
				m^2
人工	00090115	养护工	工日	0.1046
材料	32490341	肥料	kg	0.4065
	32490551	药剂	kg	0.0050
	34110101	水	m^3	0.3171
		其他材料费	%	5.0000
机械	99310020	洒水车 4000L	台班	0.0017

九、草 坪

工作内容：浇水排水、施肥修剪、松土除草、切边整形、除虫保洁、调整移植。

定额编号				LY3-9-1	LY3-9-2	LY3-9-3	LY3-9-4
项目			单位	草坪			
				暖季型			
				追播	散铺	满铺	直生带
				m^2	m^2	m^2	m
人工	00090115	养护工	工日	0.0322	0.0234	0.0293	0.0176
材料	32490341	肥料	kg	0.1478	0.1075	0.1344	0.0806
	32490551	药剂	kg	0.0024	0.0018	0.0022	0.0013
	34110101	水	m^3	0.0629	0.0457	0.0572	0.0343
		其他材料费	%	5.0000	5.0000	5.0000	5.0000
机械	99310020	洒水车 4000L	台班	0.0018	0.0013	0.0016	0.0010

工作内容：浇水排水、施肥修剪、松土除草、切边整形、除虫保洁、调整移植。

定额编号				LY3-9-5	LY3-9-6	LY3-9-7	LY3-9-8
项目			单位	草坪			
				冷季型			
				追播	散铺	满铺	直生带
				m^2	m^2	m^2	m
人工	00090115	养护工	工日	0.0419	0.0304	0.0381	0.0228
材料	32490341	肥料	kg	0.1774	0.1290	0.1613	0.0968
	32490551	药剂	kg	0.0036	0.0026	0.0033	0.0020
	34110101	水	m^3	0.0755	0.0549	0.0686	0.0412
		其他材料费	%	5.0000	5.0000	5.0000	5.0000
机械	99310020	洒水车 4000L	台班	0.0026	0.0019	0.0024	0.0014

工作内容：浇水排水、施肥修剪、松土除草、切边整形、除虫保洁、调整移植。

定额编号				LY3-9-9	LY3-9-10	LY3-9-11	LY3-9-12
项目			单位	草坪			
				混合型			
				追播	散铺	满铺	直生带
				m^2	m^2	m^2	m
人工	00090115	养护工	工日	0.0597	0.0434	0.0543	0.0326
材料	32490341	肥料	kg	0.1497	0.1089	0.1361	0.0816
	32490551	药剂	kg	0.0031	0.0022	0.0028	0.0017
	34110101	水	m^3	0.0793	0.0577	0.0721	0.0433
		其他材料费	%	5.0000	5.0000	5.0000	5.0000
机械	99310020	洒水车 4000L	台班	0.0020	0.0015	0.0019	0.0011

十、水 生 植 物

工作内容：清除枯叶、分株复壮、调换盆(缸)、调整移植等。

定额编号				LY3-10-1	LY3-10-2	LY3-10-3
项目			单位	水生植物		
				塘植	盆(缸)植	浮岛
				丛	盆(缸)	m^2
人工	00090115	养护工	工日	0.0328	0.0725	0.0384
材料	32490341	肥料	kg	0.1733	0.2599	
	32490551	药剂	kg	0.0204	0.0305	0.0174
		其他材料费	%	5.0000	5.0000	5.0000

第四章　其他绿化养护

说　明

1. 适用范围

本章内容适用于园林绿地养护等级以外的零星绿地的预算费用的计算。

2. 组成内容

本章共5节74个定额子目。其中：

第一节　其他绿化养护，包括绿地松土、施肥、冬翻、一般杂草控制、恶性杂草清除、垄沟清理、保洁、药剂防治、人工防治、树木刷白。

第二节　行道树养护，包括行道树的一级和二级养护。

第三节　容器植物养护，包括盆栽植物和箱栽植物的养护，以及容器植物进出场台班运输。

第四节　垂直绿化养护，包括附壁式、立体式两种形式。

第五节　古树名木养护，包括不同树龄古树名木等养护。

3. 项目说明

(1) 其他绿化养护

指规定的绿化养护技术等级以外的以自然生态为主的绿地养护。

① 绿地松土

每年于春季、秋季松土2次，松土深度必须在6cm以上。松土1次人工数按0.5系数计算。

② 绿地施肥

每年冬季施肥1次。包括肥料采购、运输、松土、施肥、地面覆土、平整等全部工作内容。肥料推荐有机肥。

③ 绿地冬翻

翻土深度20cm以上。包括土壤平整复原等工作内容。

④ 绿地一般杂草控制

指根系浅、恶性杂草以外的容易清除的杂草。一般高度大于30cm时，应进行清除。每年清除不少于4次；不足4次，人工数应按相应次数比例采用系数方法调整。

⑤ 绿地恶性杂草清除

恶性杂草是指加拿大一枝黄花、空心莲子草、葎草、杠板归、一年蓬等根系深、难以清除的杂草，应及时发现清除，减少对植物生长的影响。恶性杂草清除每年不少于4次；不足4次，人工数应按相应次数比例采用系数方法调整。

⑥ 绿地垄沟清理

绿地垄沟指绿地内为排水而开设的沟渠，一般深度不大于40cm。包括对土沟的清淤、边坡维护等工作内容。

⑦ 绿地保洁

绿地保洁指养护绿地内的环境清洁，落叶、枯枝垃圾及废弃物的捡拾、收集，并定点集中堆放工作。

⑧ 绿地药剂防治

为保护绿地植物生长，采用喷洒药剂的方法，对绿地内发生的病虫进行药物防治。包括防治药剂的储运、配置和喷洒工作。

⑨ 绿地人工防治

为保护绿地植物的生长，采用人工捕捉有害成虫，及时摘除病灶、修剪被危害的树枝树干的一种方法。

⑩ 树木刷白

采用石灰水刷白的方法，刷白高度在 1.3m 以内。包括石灰水调制等全部工作内容。

⑪ 计量单位

本节绿地养护定额项目，除树木刷白项目以外，均按绿地实际养护面积，以“1000m^2”为单位计算工程量；树木刷白以“株”为单位计算工程量。

(2) 行道树养护

指栽植在道路旁及分车带，给车辆和行人遮阴并构成街景的树木。分为常绿乔木养护和落叶乔木养护。一般指栽植在交通干道旁，分叉点高于 3.2m 以上的乔木。

本定额项目行道树根据养护等级规定，分为一级养护和二级养护，又按胸径大小划分为 10cm 以内、15cm 以内、20cm 以内、30cm 以内，40cm 以内、40cm 以上六种规格。

行道树养护均以“株”为单位计算工程量。

(3) 容器植物养护

指以盆式或箱式为载体进行园林植物栽植的形式。

① 盆栽植物养护工程量计算

按照盆口内径尺寸分为 20cm 以内、30cm 以内、40cm 以内、50cm 以内、60cm 以内、70cm 以内、80cm 以内、80cm 以上八种规格。

以“盆/天”为单位计算工程量。

盆栽植物进出场台班运输根据盆口内径尺寸分为 30cm 以内、60cm 以内、60cm 以上三种规格。

盆栽植物进出场台班运输以“盆/次”为单位计算工程量。

② 箱体植物养护工程量计算

按照箱体尺寸分为 100cm×100cm 以内、150cm×150cm 以内、200cm×200cm 以内、250cm×250cm 以内、300cm×300cm 以内、300cm×300cm 以上六种规格。

以“只/天”为单位计算工程量。

箱体植物进出场台班运输根据箱体外尺寸分为 100cm×100cm 以内、200cm×200cm 以内、200cm×200cm 以上三种规格。

箱体植物进出场台班运输以“只/次”为单位计算工程量。

(4) 垂直绿化养护

垂直绿化养护分为附壁式和立体式两种形式。不包括屋顶绿化养护工程内容。

垂直绿化养护工程量计算，按高度在 3.6m 以内、在 3.6m 以上两种规格划分。

附壁式绿化以平面面积计算，立体式绿化以展开面积计算，均以“m^2”为单位计算工程量。

(5) 古树名木养护

古树养护按树龄，分为 80 年以上、100 年以上、300 年以上、500 年以上四种规格，每种规格根据生长趋势又分为生长态势良好、一般、衰弱、濒危四个等级进行定额项目划分。

名木指珍贵、稀有或具有历史科学文化价值，以及具有重要纪念意义的树木。也指历史和现代名人种植的树木，或具有历史事件、传说及神话故事的树木，不管其树龄多少，均按树龄不少于 80 年进行养护工程量计算。

古树名木养护均以“株”为单位计算工程量。

4. 其他说明

(1) 屋顶绿化养护费用计算和消耗量调整

屋顶绿化养护参照本定额第一章一级绿地养护相对应定额项目，计算养护费用，并对其定额项目消耗量调整如下：

① 人工浇灌养护

a. 人工消耗量取定在一级绿地养护项目的基础上乘以 1.25 的系数。

b. 用水量在一级绿地养护项目的基础上乘以 1.50 的系数。

c. 其他工料机不作调整。

② 自动浇灌养护

a. 人工在一级绿地养护项目的基础上乘以 0.75 的系数。

b. 用水量在一级绿地养护项目的基础上乘以 1.3 的系数。

c. 其他工料机不作调整。

(2) 垂直绿化消耗量调整

垂直绿化养护包括高度在 3.6m 以下和在 3.6m 以上两个项目，其中：

a. 垂直绿化养护均以人工浇灌为主，可套用相应的项目计算。

b. 若采用自动浇灌设施的养护，则其养护人工需乘以 0.75 的系数，其他不变。

(3) 其他项目消耗量调整

本章定额除屋顶绿化和垂直绿化养护，因浇灌方法不同可作消耗量调整外，其他项目消耗量均不作调整。

一、其他绿地养护

工作内容：1. 松土深度6cm以上。
2. 肥料运输、松土施肥、地面平整。
3. 翻耕深度20cm以上、地表平整。
4. 杂草(垃圾)收集、装车外运、集中处理。

定额编号				LY4-1-1	LY4-1-2	LY4-1-3	LY4-1-4
项目			单位	绿地松土	绿地施肥	绿地冬翻	绿地一般杂草控制
				$1000m^2$	$1000m^2$	$1000m^2$	$1000m^2$
人工	00090115	养护工	工日	1.7590	0.4629	2.9996	1.8886
材料	32490341	肥料	kg		165.2299		
机械	32570301	草坪剪草机	台班				0.1787
	99070520	载重汽车 4t	台班		0.0281		

工作内容：1. 杂草(垃圾)收集、装车外运、集中处理。
2. 垄沟清理、边坡整理。
3. 垃圾收集、定点堆放。
4. 药剂储运、配置喷洒。

定额编号				LY4-1-5	LY4-1-6	LY4-1-7	LY4-1-8
项目			单位	绿地恶性杂草清除	绿地垄沟清理	绿地保洁	绿地药剂防治
				$1000m^2$	$1000m^2$	$1000m^2$	$1000m^2$
人工	00090115	养护工	工日	3.1447	0.9258	5.0554	1.4998
材料	32490551	药剂	kg				4.4438

工作内容：1. 人工捕捉害虫、摘除病灶、修剪病虫枝。
2. 树干高度1.3m以内调料涂白。

定额编号				LY4-1-9	LY4-1-10
项目			单位	绿地人工防治	树木刷白
				$1000m^2$	株
人工	00090115	养护工	工日	1.3887	0.0400
材料	04090401	生石灰	kg		0.0399
	34110101	水	m^3		0.0002
		其他材料费	%		5.0000

二、行道树养护

工作内容： 浇水排水、施肥修剪、松土除草、竖桩维护、除虫防治。

定额编号				LY4-2-1	LY4-2-2	LY4-2-3
项目			单位	行道树一级养护		
				常绿乔木胸径在 cm 以内		
				10	15	20
				株	株	株
人工	00090115	养护工	工日	0.4357	0.6488	0.8618
材料	32490341	肥料	kg	0.7386	0.7557	0.7386
	32490551	药剂	kg	0.0682	0.0720	0.0758
	34110101	水	m^3	0.2009	0.3183	0.4166
		其他材料费	%	5.0000	5.0000	5.0000
机械	99070520	载重汽车 4t	台班	0.0047	0.0049	0.0052
	99310020	洒水车 4000L	台班	0.0502	0.0772	0.1041

工作内容： 浇水排水、施肥修剪、松土除草、竖桩维护、除虫防治。

定额编号				LY4-2-4	LY4-2-5	LY4-2-6
项目			单位	行道树一级养护		
				常绿乔木胸径在 cm 以内		常绿乔木胸径在 cm 以上
				30	40	40
				株	株	株
人工	00090115	养护工	工日	1.3733	1.8941	2.4697
材料	32490341	肥料	kg	0.8588	0.9447	1.0177
	32490551	药剂	kg	0.0842	0.0926	0.1018
	34110101	水	m^3	0.6270	0.8375	1.0478
		其他材料费	%	5.0000	5.0000	5.0000
机械	99070520	载重汽车 4t	台班	0.0058	0.0064	0.0070
	99310020	洒水车 4000L	台班	0.1426	0.2094	0.2619

工作内容： 浇水排水、施肥修剪、松土除草、竖桩维护、除虫防治。

定额编号				LY4-2-7	LY4-2-8	LY4-2-9
项目			单位	行道树一级养护		
				落叶乔木胸径在 cm 以内		
				10	15	20
				株	株	株
人工	00090115	养护工	工日	0.4792	0.7136	0.9481
材料	32490341	肥料	kg	0.8348	0.8811	0.9275
	32490551	药剂	kg	0.0743	0.0742	0.0741
	34110101	水	m^3	0.1436	0.2209	0.2982
		其他材料费	%	5.0000	5.0000	5.0000
机械	99070520	载重汽车 4t	台班	0.0055	0.0058	0.0061
	99310020	洒水车 4000L	台班	0.0359	0.0552	0.0746

工作内容：浇水排水、施肥修剪、松土除草、竖桩维护、除虫防治。

定额编号				LY4-2-10	LY4-2-11	LY4-2-12
项目			单位	行道树一级养护		
				落叶乔木胸径在cm以内		落叶乔木胸径在cm以上
				30	40	40
				株	株	株
人工	00090115	养护工	工日	1.5105	2.0835	2.7346
材料	32490341	肥料	kg	1.0306	1.1336	1.2470
	32490551	药剂	kg	0.0918	0.1010	0.1110
	34110101	水	m^3	0.4532	0.6166	0.7859
		其他材料费	%	5.0000	5.0000	5.0000
机械	99070520	载重汽车 4t	台班	0.0068	0.0074	0.0082
	99310020	洒水车 4000L	台班	0.1133	0.1542	0.1965

工作内容：浇水排水、施肥修剪、松土除草、竖桩维护、除虫防治。

定额编号				LY4-2-13	LY4-2-14	LY4-2-15
项目			单位	行道树二级养护		
				常绿乔木胸径在cm以内		
				10	15	20
				株	株	株
人工	00090115	养护工	工日	0.3278	0.4880	0.6483
材料	32490341	肥料	kg	0.5556	0.5685	0.5814
	32490551	药剂	kg	0.0513	0.0541	0.0570
	34110101	水	m^3	0.1511	0.2322	0.3133
		其他材料费	%	5.0000	5.0000	5.0000
机械	99070520	载重汽车 4t	台班	0.0035	0.0037	0.0039
	99310020	洒水车 4000L	台班	0.0378	0.0581	0.0783

工作内容：浇水排水、施肥修剪、松土除草、竖桩维护、除虫保洁、调整移植。

定额编号				LY4-2-16	LY4-2-17	LY4-2-18
项目			单位	行道树二级养护		
				常绿乔木胸径在cm以内		常绿乔木胸径在cm以上
				30	40	40
				株	株	株
人工	00090115	养护工	工日	1.0330	1.4248	1.8577
材料	32490341	肥料	kg	0.6460	0.7106	0.7655
	32490551	药剂	kg	0.0633	0.0697	0.0766
	34110101	水	m^3	0.4717	0.6300	0.7882
		其他材料费	%	5.0000	5.0000	5.0000
机械	99070520	载重汽车 4t	台班	0.0044	0.0048	0.0053
	99310020	洒水车 4000L	台班	0.1179	0.1575	0.1970

工作内容：浇水排水、施肥修剪、松土除草、竖桩维护、除虫防治。

定额编号				LY4-2-19	LY4-2-20	LY4-2-21
项目			单位	行道树二级养护		
				落叶乔木胸径在 cm 以内		
				10	15	20
				株	株	株
人工	00090115	养护工	工日	0.3605	0.5368	0.7131
材料	32490341	肥料	kg	0.6279	0.6628	0.6977
	32490551	药剂	kg	0.0559	0.0590	0.0622
	34110101	水	m^3	0.1080	0.1662	0.2243
		其他材料费	%	5.0000	5.0000	5.0000
机械	99070520	载重汽车 4t	台班	0.0041	0.0043	0.0046
	99310020	洒水车 4000L	台班	0.0270	0.0415	0.0561

工作内容：浇水排水、施肥修剪、松土除草、竖桩维护、除虫防治。

定额编号				LY4-2-22	LY4-2-23	LY4-2-24
项目			单位	行道树二级养护		
				落叶乔木胸径在 cm 以内		落叶乔木胸径在 cm 以上
				30	40	40
				株	株	株
人工	00090115	养护工	工日	1.1362	1.5672	2.0570
材料	32490341	肥料	kg	0.7752	0.8527	0.9380
	32490551	药剂	kg	0.0690	0.0760	0.0835
	34110101	水	m^3	0.3409	0.4639	0.5911
		其他材料费	%	5.0000	5.0000	5.0000
机械	99070520	载重汽车 4t	台班	0.0051	0.0056	0.0061
	99310020	洒水车 4000L	台班	0.0852	0.1160	0.1478

三、容器植物养护

工作内容：1. 浇水、施肥、修剪、防护；换盆、摆放等。
2. 盆栽植物搬运。

定额编号				LY4-3-1	LY4-3-2	LY4-3-3	LY4-3-4
项目			单位	盆栽植物养护			
				盆口内径在 cm 以内			
				20	30	40	50
				盆/天	盆/天	盆/天	盆/天
人工	00090115	养护工	工日	0.0018	0.0021	0.0024	0.0027
材料	32490341	肥料	kg	0.0006	0.0006	0.0007	0.0015
	32490551	药剂	kg	0.0052	0.0061	0.0070	0.0078
	34110101	水	m^3	0.0003	0.0003	0.0004	0.0004
		其他材料费	%	3.0000	3.0000	3.0000	3.0000
机械	99310020	洒水车 4000L	台班			0.0001	0.0001

工作内容：1. 浇水、施肥、修剪、防护；换盆、摆放等。
2. 盆栽植物搬运。

定额编号				LY4-3-5	LY4-3-6	LY4-3-7	LY4-3-8
项目			单位	盆栽植物养护			
				盆口内径在 cm 以内			盆口内径在 cm 以上
				60	70	80	80
				盆/天	盆/天	盆/天	盆/天
人工	00090115	养护工	工日	0.0035	0.0041	0.0047	0.0053
材料	32490341	肥料	kg	0.0002	0.0023	0.0026	0.0030
	32490551	药剂	kg	0.0102	0.0119	0.0136	0.0153
	34110101	水	m^3	0.0005	0.0006	0.0007	0.0008
		其他材料费	%	3.0000	3.0000	3.0000	3.0000
机械	99310020	洒水车 4000L	台班	0.0001	0.0001	0.0001	0.0001

工作内容：盆栽植物装车、运输、卸车及摆放等。

定额编号				LY4-3-9	LY4-3-10	LY4-3-11
项目			单位	盆栽植物进出场台班运输		
				盆口内径在 cm 以内		盆口内径在 cm 以上
				30	60	60
				盆/次	盆/次	盆/次
人工	00090115	养护工	工日	0.0027	0.0089	0.0142
机械	99070520	载重汽车 4t	台班	0.0007	0.0022	0.0036

工作内容：1. 浇水、施肥、修剪、防护；换箱、摆放等。
2. 箱体植物搬运。

定额编号				LY4-3-12	LY4-3-13	LY4-3-14	LY4-3-15
项目			单位	箱栽植物养护			
				箱体外尺寸在 cm 以内			
				100×100	150×150	200×200	250×250
				只/天	只/天	只/天	只/天
人工	00090115	养护工	工日	0.0020	0.0045	0.0054	0.0068
材料	32490341	肥料	kg	0.0591	0.1312	0.2530	0.4490
	32490551	药剂	kg	0.0046	0.1016	1.0411	1.3015
	34110101	水	m^3	0.0009	0.0020	0.0027	0.0031
		其他材料费	%	3.0000	3.0000	3.0000	3.0000
机械	99310020	洒水车 4000L	台班	0.0012	0.0026	0.0034	0.0048

工作内容： 1. 浇水、施肥、修剪、防护；换盆、摆放等。
2. 箱体植物搬运。

定额编号				LY4-3-16	LY4-3-17
项目			单位	箱栽植物养护	
				箱体外尺寸在 cm 以内	箱体外尺寸在 cm 以上
				300×300	300×300
				只/天	只/天
人工	00090115	养护工	工日	0.0079	0.0091
材料	32490341	肥料	kg	0.5255	0.6016
	32490551	药剂	kg	0.1523	0.1744
	34110101	水	m^3	0.0037	0.0042
		其他材料费	%	3.0000	3.0000
机械	99310020	洒水车 4000L	台班	0.0005	0.0005

工作内容： 箱栽植物装车、运输、卸车及摆放等。

定额编号				LY4-3-18	LY4-3-19	LY4-3-20
项目			单位	箱体植物进出场台班运输		
				箱体外尺寸在 cm 以内		箱体外尺寸在 cm 以上
				100×100	200×200	200×200
				只/次	只/次	只/次
人工	00090115	养护工	工日	0.0446	0.1273	0.2101
机械	99070520	载重汽车 4t	台班	0.0223	0.0637	0.1051
	99090400	汽车式起重机 16t	台班	0.0223	0.0637	0.1051

四、垂直绿化养护

工作内容： 浇水、施肥；清除杂草；植物保护；更换植物；设备、设施检查、维护等。

定额编号				LY4-4-1	LY4-4-2	LY4-4-3	LY4-4-4
项目			单位	垂直绿化养护			
				高度在 3.6m 以内		高度在 3.6m 以上	
				附壁式	立体式	附壁式	立体式
				m^2	m^2	m^2	m^2
人工	00090115	养护工	工日	0.1103	0.1362	0.1379	0.1703
材料	32490341	肥料	kg	0.3323	0.4105	0.3323	0.4105
	32490551	药剂	kg	0.5651	0.6980	0.5651	0.6980
	34110101	水	m^3	0.1152	0.1423	0.1152	0.1423
		其他材料费	%	3.0000	3.0000	3.0000	3.0000
机械	99110110	登高车 2t	台班			0.0135	0.0166

五、古树名木养护

工作内容：浇水排水、松土除草、土壤施肥、地面(表)绿化、古树修剪、补洞防腐、生物防控、设施维护、日常巡查。

定额编号				LY4-5-1	LY4-5-2	LY4-5-3	LY4-5-4
项目			单位	古树名木养护			
				树龄在80年以上			
				生长态势良好	生长态势一般	生长态势衰弱	生长态势濒危
				株	株	株	株
人工	00090115	养护工	工日	5.8470	6.5779	7.3088	8.0397
材料	02330101	草绳	kg	4.4288	4.9824	5.5360	6.0896
	03110735	木砂纸	张	0.7680	0.8640	0.9600	1.0560
	04010112	水泥 42.5级	t	0.0466	0.0525	0.0583	0.0641
	04030115	黄砂 中粗	t	0.1166	0.1312	0.1458	0.1604
	04131714	蒸压灰砂砖 240×115×53	块	8.1920	9.2160	10.2400	11.2640
	13030401	乳胶漆	kg	1.6179	1.8202	2.0224	2.2246
	13056101	红丹防锈漆	kg	0.8090	0.9101	1.0112	1.1123
	14010301	熟桐油	kg	0.5530	0.6221	0.6912	0.7603
	17250201	塑料排水管	m	0.4352	0.4896	0.5440	0.5984
	17270201	普通橡胶管	m	1.0025	1.1278	1.2531	1.3784
	32421730	地被植物	m^2	3.8863	4.3721	4.8578	5.3436
	32490341	肥料	kg	22.5935	25.4177	28.2418	31.0660
	32490518	除草剂	瓶	0.6996	0.7870	0.8745	0.9619
	32490521	杀虫药水	kg	1.3568	1.5264	1.6960	1.8656
	32490531	防控药水	kg	0.7680	0.8640	0.9600	1.0560
	32490541	伤口涂补剂	瓶	0.6912	0.7776	0.8640	0.9504
	34110101	水	m^3	7.8746	8.8589	9.8432	10.8275
	35032071	钢支撑架	m^2	11.0234	12.4013	13.7792	15.1571
		其他材料费	%	5.0000	5.0000	5.0000	5.0000
机械	99070490	载重汽车 2t	台班	0.0982	0.1105	0.1228	0.1351
	99070520	载重汽车 4t	台班	0.1563	0.1758	0.1954	0.2149

工作内容：浇水排水、松土除草、土壤施肥、地面(表)绿化、古树修剪、补洞防腐、生物防控、设施维护、日常巡查。

定额编号				LY4-5-5	LY4-5-6	LY4-5-7	LY4-5-8
项目			单位	古树名木养护			
				树龄在100年以上			
				生长态势良好	生长态势一般	生长态势衰弱	生长态势濒危
				株	株	株	株
人工	00090115	养护工	工日	6.9434	7.8113	8.6792	9.5471
材料	02330101	草绳	kg	5.2592	5.9166	6.5740	7.2314
	03110735	木砂纸	张	0.9120	1.0260	1.1400	1.2540
	04010112	水泥 42.5级	t	0.0554	0.0623	0.0692	0.0762
	04030115	黄砂 中粗	t	0.1385	0.1558	0.1731	0.1904
	04131714	蒸压灰砂砖 240×115×53	块	9.7280	10.9440	12.1600	13.3760
	13030401	乳胶漆	kg	1.9213	2.1614	2.4016	2.6418
	13056101	红丹防锈漆	kg	0.9606	1.0807	1.2008	1.3209
	14010301	熟桐油	kg	0.6566	0.7387	0.8208	0.9029
	17250201	塑料排水管	m	0.5168	0.5814	0.6460	0.7106
	17270201	普通橡胶管	m	1.1905	1.3393	1.4881	1.6369
	32421730	地被植物	m^2	4.6149	5.1918	5.7687	6.3456
	32490341	肥料	kg	26.8297	30.1835	33.5372	36.8909
	32490518	除草剂	瓶	0.8308	0.9346	1.0384	1.1423
	32490521	杀虫药水	kg	1.6112	1.8126	2.0140	2.2154
	32490531	防控药水	kg	0.9120	1.0260	1.1400	1.2540
	32490541	伤口涂补剂	瓶	0.8208	0.9324	1.0260	1.1286
	34110101	水	m^3	9.3510	10.5199	11.6888	12.8577
	35032071	钢支撑架	m^2	13.0902	14.7265	16.3628	17.9991
		其他材料费	%	5.0000	5.0000	5.0000	5.0000
机械	99070490	载重汽车 2t	台班	0.1167	0.1312	0.1458	0.1604
	99070520	载重汽车 4t	台班	0.1856	0.2088	0.2320	0.2552

工作内容：浇水排水、松土除草、土壤施肥、地面(表)绿化、古树修剪、补洞防腐、生物防控、设施维护、日常巡查。

定额编号				LY4-5-9	LY4-5-10	LY4-5-11	LY4-5-12
项目			单位	古树名木养护			
				树龄在300年以上			
				生长态势良好	生长态势一般	生长态势衰弱	生长态势濒危
				株	株	株	株
人工	00090115	养护工	工日	7.9849	8.9830	9.9811	10.9792
材料	02330101	草绳	kg	6.0481	6.8041	7.5601	8.3161
	03110735	木砂纸	张	1.0488	1.1799	1.3110	1.4421
	04010112	水泥 42.5级	t	0.0637	0.0717	0.0796	0.0876
	04030115	黄砂 中粗	t	0.1593	0.1792	0.1991	0.2190
	04131714	蒸压灰砂砖 240×115×53	块	9.7280	10.9440	12.1600	13.3760
	13030401	乳胶漆	kg	2.2095	2.4857	2.7618	3.0380
	13056101	红丹防锈漆	kg	1.1047	1.2428	1.3809	1.5190
	14010301	熟桐油	kg	0.7551	0.8495	0.9439	1.0383
	17250201	塑料排水管	m	0.5943	0.6686	0.7429	0.8172
	17270201	普通橡胶管	m	1.3691	1.5402	1.7113	1.8825
	32421730	地被植物	m^2	5.3072	5.9706	6.6340	7.2974
	32490341	肥料	kg	30.8543	34.7110	38.5678	42.4246
	32490518	除草剂	瓶	0.9554	1.0748	1.1942	1.3137
	32490521	杀虫药水	kg	1.8529	2.0845	2.3161	2.5477
	32490531	防控药水	kg	1.1047	1.1799	1.3110	1.4421
	32490541	伤口涂补剂	瓶	0.9272	1.0431	1.1590	1.2749
	34110101	水	m^3	10.7537	12.0979	13.4421	14.7863
	35032071	钢支撑架	m^2	15.0538	16.9355	18.8172	20.6989
		其他材料费	%	5.0000	5.0000	5.0000	5.0000
机械	99070490	载重汽车 2t	台班	0.1183	0.1510	0.1678	0.1845
	99070520	载重汽车 4t	台班	0.1882	0.2402	0.2669	0.2935

工作内容：浇水排水、松土除草、土壤施肥、地面(表)绿化、古树修剪、补洞防腐、生物防控、设施维护、日常巡查。

定 额 编 号				LY4-5-13	LY4-5-14	LY4-5-15	LY4-5-16
项 目			单位	古树名木养护			
				树龄在500年以上			
				生长态势良好	生长态势一般	生长态势衰弱	生长态势濒危
				株	株	株	株
人工	00090115	养护工	工日	9.0264	10.1547	11.2830	12.4113
材料	02330101	草绳	kg	6.8370	7.6916	8.5462	9.4008
	03110735	木砂纸	张	1.1856	1.3338	1.4820	1.6302
	04010112	水泥 42.5 级	t	0.0720	0.0810	0.9000	0.0990
	04030115	黄砂 中粗	t	0.1801	0.2026	0.2251	0.2476
	04131714	蒸压灰砂砖 240×115×53	块	12.6464	14.2272	15.8080	17.3888
	13030401	乳胶漆	kg	2.4977	2.8099	3.1221	3.4343
	13056101	红丹防锈漆	kg	1.2488	1.4049	1.5610	1.7171
	14010301	熟桐油	kg	0.8536	0.9603	1.0670	1.1737
	17250201	塑料排水管	m	0.6718	0.7558	0.8398	0.9238
	17270201	普通橡胶管	m	1.5476	1.7410	1.9345	2.1279
	32421730	地被植物	m^2	5.9994	6.7494	7.4993	8.2492
	32490341	肥料	kg	34.8787	39.2385	43.5984	47.9582
	32490518	除草剂	瓶	1.0800	1.2150	1.3500	1.4849
	32490521	杀虫药水	kg	2.0946	2.3564	2.6182	2.8800
	32490531	防控药水	kg	1.1856	1.3338	1.4820	1.6302
	32490541	伤口涂补剂	瓶	1.0670	1.2004	1.3338	1.4672
	34110101	水	m^3	12.1564	13.6759	15.1954	16.7150
	35032071	钢支撑架	m^2	17.0173	19.1445	21.2716	23.3988
		其他材料费	%	5.0000	5.0000	5.0000	5.0000
机械	99070490	载重汽车 2t	台班	0.1517	0.1707	0.1896	0.2086
	99070520	载重汽车 4t	台班	0.2413	0.2715	0.3016	0.3318

第五章　建筑小品维护

说　明

1. 适用范围

本章内容适用于本市各类园林绿地内建筑和小品等工程维护预算费用的计算。

2. 组成内容

本章共3节90个定额子目。其中：

第一节　建筑维护，包括普通建筑维护和古典建筑维护。

第二节　小品维护，包括花架、假山、各种零星石构件、道路侧石、树穴侧石、园桥、栏杆、各式园路、各式广场面层、围墙等维护。

第三节　其他零星维护，包括各种雕塑和各种材质的小品、树穴盖板、水池等维护。

3. 项目说明

(1) 建筑维护

建筑维护可分为普通建筑维护和古典建筑维护。

① 普通建筑维护

a. 根据普通建筑不同功能用途分为9个定额子目，适用于各种不同结构、材质的办公用房、仓库（工具间）、配电用房（泵房）、饲料加工用房、餐厅用房、展示厅用房、售票房、门卫、厕所、小卖部等建筑用房的维护。

b. 除主材调和漆、乳胶漆、墙面砖等，因用材不同，其价格可换算，但消耗量不变。其他材料不管建筑形式、楼层、层高不同及屋面材料用材不同，均不作换算。

c. 普通建筑维护均按建筑面积以"m^2"为单位计算工程量。

② 古典建筑维护

a. 根据古典建筑不同形式，分为19个定额子目，适用于不同类型、结构、材质的园林各类亭、廊、戏台、楼房、石舫、斋、庑、房、水榭、殿、堂、厅、牌楼、牌坊、垂花门、宝塔、钟楼、鼓楼等古典建筑的维护。

b. 除主材调和漆、乳胶漆等，因用材不同，其价格可换算，但消耗量不变。其他材料不管建筑形式、楼层、层高不同及屋面材料用材不同，均不作换算。

c. 宝塔维护项目中脚手架用材不同可换算，但其消耗量不变。

d. 亭、廊、戏台、楼房、石舫、斋、庑、房、水榭、殿、堂、厅、宝塔、钟楼、鼓楼等古典建筑维护均按建筑面积以"m^2"为单位计算工程量。牌楼、牌坊、垂花门维护按建筑垂直投影面积以"m^2"为单位计算工程量。

(2) 小品维护

小品维护可分为花架维护，假山维护，景石维护，花坛石等维护，道路侧石维护，树穴侧石维护，园桥维护，栏杆维护，木栏杆维护，整体混凝土、沥青混凝土面层、透水混凝土（含健身步道）园路维护，广场砖、透水砖、大理石、花岗岩、嵌卵石、蓓力砖（彩色）、瓦（缸）片等面层维护，围墙维护。

① 花架维护

a.　根据花架的不同类型、结构、材质分为4个定额子目。

· 钢筋混凝土结构：适用于钢筋混凝土结构花架，主要是对钢筋混凝土柱梁表面维护。

· 混凝土钢混合结构：适用于混凝土、钢混合结构花架，主要是对混凝土构件和钢构件表面维护。

· 钢结构：适用于钢结构花架（钢柱、钢梁、钢花架片）和钢木混合结构花架（钢柱、钢梁、木花架片），主要是对钢构件和木构件维护。

· 混凝土木混合结构：适用于下部混凝土结构、上部木结构的混合结构花架，主要是对混凝土构件和木构件表面维护。

b. 花架高度不同，均不作换算。

c. 各种花架均以“m^2”为单位计算工程量。

花架面积计算:按台基面积计取。如无台基,则双柱花架以柱外包宽度×长度,单柱花架以水平投影面积计算。

② 假山维护

根据假山不同类型、结构、材质分为假山工程和人工塑造假山工程2个定额子目。

假山维护消耗量项目适用于假山石堆叠的湖石假山、黄石假山、斧劈石假山、英石假山等维护工程内容,但不适用人工堆叠的石峰、石笋、土山点石、人工塑造假山以及各种景石的维护。

人工塑造假山维护项目适用于以人工仿造的假山工程,主要指钢骨架假山和砖骨架假山等工程维护,不包括内部支撑结构的维护。

a. 石假山主材石材材种不同,可换算,但其消耗量不变。

b. 湖石、黄石假山以“t”为单位计算工程量。

以“t”计算的假山工程量,规定如下:

$$W_{重}=长\times宽\times高\times高度系数\times容重$$

式中:$W_{重}$——假山工程量。

长——假山的基础平面矩形之长度。

宽——假山的基础平面矩形之宽度。

高——假山自然基础表面到最高点之高度。

高度系数——高度在1.00m以内其系数为0.77;高度在1.00～2.00m以内其系数为0.72;高度在2.00～3.00m以内其系数为0.65;高度在3.00～4.00m以内其系数为0.60;高度在4.00m以上其系数为0.55。

容重——太湖石为1.80t/m^3;黄石为2.00t/m^3;斧劈石为2.25t/m^3;英石为2.55t/m^3;其他假山石容重,可参照以上相近容重计算。

c. 人工塑造假山,不管砖骨架假山、钢骨架假山以及其他骨架假山,其消耗用量均不作调整。按其表面展开面积以“m^2”为单位计算工程量。

③ 景石维护

根据景石不同类型、结构、材质分为6个定额子目。

a. 零星假山石维护:适用于各种假山石堆叠的整块石峰、人造假山石峰、石笋、观赏石等以及土点石(土抱石)、散兵石等维护,但不适用人工塑造假山等内容。

b. 蘑菇墙、块(片)石墙维护:适用于不同石材砌筑的具有观赏性的墙面,以及各种磨光石板面墙等维护。

c. 条石驳岸、毛石驳岸、护坡、挡土墙维护:适用于各种石材的条石驳岸、毛石驳岸、护坡、挡土墙等,同时也适用于自然式河岸散驳及花溪护岸等维护。

d. 石材材种不同可换算,但其消耗量不变。

e. 如遇磨光石板面(墙)维护,其人工乘以0.40的系数,其他不变。

f. 如遇土山点(抱)石、散兵石,人工、材料、机械乘以0.66的系数。

g. 零星假山石以“t”为单位计算工程量;条石驳岸、毛石驳岸、护坡、挡土墙按其墙体厚度以“m”为单位计算工程量;蘑菇墙、块(片)石墙以“m^2”为单位计算工程量。

④ 花坛石等维护

根据花坛石不同材质分为石构件、混凝土构件2个定额子目。

适用于花坛零星石构件维护。

均按展开面积以“m^2”为单位计算工程量。主材不同可换算,但其消耗量不变。石材表面加工不同,不作换算。

⑤ 道路侧石维护

道路侧石维护根据道路侧石不同材质，分为石构件、混凝土构件。定额以石构件为主，主材不同可换算，但其消耗量不变。

适用于石(混凝土)构件道路侧石维护。

道路侧石维护以“m”为单位计算工程量。

⑥ 树穴侧石维护

树穴侧石维护根据树穴侧石不同材质，分为石构件、混凝土构件 2 个定额子目。

适用于石、混凝土构件树穴侧石维护。

主材不同可换算，但其消耗量不变。石材表面加工不同，不作换算。树穴侧石高度不同，不作换算。

树穴侧石维护均以“m”为单位计算工程量。

⑦ 园桥维护

根据园桥不同类型、结构、材质分为 6 个定额子目。

a. 石桥维护：适用于石平桥、石拱桥工程，主要指桥面、栏杆和接坡面维护。

b. 混凝土、石结构桥维护：适用于混凝土、石混合结构桥工程，主要指桥面、栏杆和接坡面维护工程内容。

c. 钢筋混凝土结构桥维护：适用于钢筋混凝土结构桥，也适用于混合结构桥(混凝土桥栏或钢桥栏、混凝土桥面层或沥青混凝土桥面层)，主要指桥栏和桥面层维护工程内容。

d. 钢结构维护：适用于钢结构或木钢混合结构桥(钢梁、钢柱、钢或木栏、木桥面)，主要指钢构件和木构件维护工程内容。

e. 混凝土、木结构桥维护：适用于混凝土、木混合结构桥，主要指混凝土构件和木构件维护工程内容。

f. 木(栈)桥维护：适用于木桥和架空的木栈桥，主要指木构件维护工程内容。

g. 园桥维护项目，除钢结构维护以“t”为单位计算工程量外，其他均按园桥面积以“m^2”为单位计算工程量。

园桥面积计算：桥面宽度×长度。

⑧ 栏杆维护

根据栏杆不同材质分为混凝土栏杆、钢栏杆、塑钢栏杆和木栏杆 4 类 5 个定额子目。

a. 混凝土栏杆维护，同时适用于石质栏杆(参照执行)。

b. 钢、塑钢栏杆：

· 钢栏杆项目，适用于钢栏杆和基础维护工程内容。

· 塑钢栏杆项目，适用于塑钢栏杆和基础维护工程内容。

· 钢栏杆项目，高度如超过 1.5m(含 1.5m)可换算，其消耗量材料和人工按定额耗用量乘以 1.5 系数计算。

· 钢、塑钢栏杆维护均以“m”为单位计算工程量。

c. 木栏杆维护：

· 木栏杆维护根据木栏杆使用年限，分为 5 年以内、5 年以上 2 个定额子目。

· 木栏杆维护均按垂直投影面积以“m^2”为单位计算工程量。

⑨ 整体混凝土园路维护

适用于整体浇筑混凝土面层和基层维护。

园路面层、基层、垫层厚度不同，均不作换算。

整体混凝土园路维护以“m^2”为单位计算工程量。

面积计算：长度×宽度。

⑩ 沥青混凝土面层园路维护

适用于沥青面层维护。

园路面层、基层、垫层厚度不同，均不作换算。

沥青混凝土面层园路维护以“m^2”为单位计算工程量。

面积计算:长度×宽度。

⑪ 透水混凝土园路维护

适用于透水混凝土面层和基层维护。

园路面层、基层、垫层厚度不同,均不作换算。

透水混凝土园路维护以"m^2"为单位计算工程量。

面积计算:长度×宽度。

⑫ 广场砖、透水砖面层维护

适用于广场砖、透水砖等面层维护。

面层、基层、垫层厚度不同,均不作换算。

广场砖、透水砖面层维护以"m^2"为单位计算工程量

面积计算:长度×宽度。

⑬ 大理石、花岗岩、嵌卵石面层维护

适用于大理石、花岗石和嵌卵石等面层维护。

面层、基层、垫层厚度不同,均不作换算。

大理石、花岗岩、嵌卵石面层维护以"m^2"为单位计算工程量。

面积计算:长度×宽度。

⑭ 蓓力砖(彩色)路面维护

适用于蓓力砖等面层维护。

面层、基层、垫层厚度不同,均不作换算。

蓓力砖(彩色)路面维护以"m^2"为单位计算工程量。

面积计算:长度×宽度。

⑮ 瓦(缸)片等面层维护

适用于瓦片缸片、弹街石等花饰面层维护。

面层、基层、垫层厚度不同,均不作换算。

瓦(缸)片等面层维护以"m^2"为单位计算工程量

面积计算:长度×宽度。

⑯ 围墙维护

根据围墙不同类型、结构、材质分为8个定额子目。

a. 砖砌围墙维护:适用于砌筑砖或花岗石围墙。

b. 石、钢结构围墙维护:适用于石、钢混合结构围墙,主要指钢构件和石围墙基础面维护。

c. 型钢结构围墙维护:适用于型钢结构围墙,主要指钢构件维护。

d. 钢、砖混合结构围墙维护:适用于钢、砖混合结构围墙,主要指钢构件和砖砌围墙基础面维护。

e. 钢丝网围墙维护:适用于钢丝网围墙,主要指钢丝网为主材的围墙面维护。

f. 砖砌古式围墙(不含漏窗)维护:适用于砖砌古式围墙(筒瓦或蝴蝶瓦压顶、花边滴水),不包括古式围墙花式漏窗,主要指墙面和瓦压顶维护。

g. 砖砌古式围墙(含漏窗)维护:适用于砖砌古式围墙(筒瓦或蝴蝶瓦压顶、花边滴水),包括古式围墙花式漏窗和墙面、瓦压顶维护。

h. 其他围墙维护:适用于除以上所列围墙以外其他形式的围墙维护。

i. 围墙高度不同,均不作换算。围墙维护项目均以"m"为单位计算工程量。

(3) 其他零星维护

① 雕塑(金属)维护

雕塑(金属)维护根据雕塑使用年限,分为5年以内和5年以上2个定额子目。

适用于金属材料制作的雕塑作品,主要指金属面层维护。

雕塑(金属)维护以总造价为基础乘以规定的维护率,以"元"为单位计算维护费用。

② 雕塑(塑钢、玻璃钢)维护

雕塑(塑钢、玻璃钢)维护根据雕塑使用年限,分为 5 年以内和 5 年以上 2 个定额子目。

适用于塑钢和玻璃钢材料制作的雕塑作品的维护保养。

雕塑(塑钢、玻璃钢)维护以总造价为基础乘以规定的维护率,以“元”为单位计算维护费用。

③ 雕塑基座贴面维护

适用于雕塑基座大理石、花岗石等不同材质贴面的维护。

雕塑基座贴面维护按基座贴面展开面积以“m^2”为单位计算工程量。

④ 钢材质维护

钢材质维护按钢材质使用年限,分为 5 年以内和 5 年以上 2 个定额子目。

适用于小品维护中其他零星构件钢材质的维护。

钢材质维护以总造价为基础乘以规定的维护率,以“元”为单位计算维护费用。

⑤ 混凝土材质维护

混凝土材质维护按混凝土材质使用年限,分为 5 年以内和 5 年以上 2 个定额子目。

适用于小品维护中其他零星构件混凝土材质的维护。

混凝土材质维护以总造价为基础乘以规定的维护率,以“元”为单位计算维护费用。

⑥ 其他材质(含塑件)维护

其他材质(含塑件)维护按其他材质(含塑件)使用年限,分为 5 年以内和 5 年以上 2 个定额子目。

适用于小品维护中其他零星构件、塑件的维护。

其他材质(含塑件)维护以总造价为基础乘以规定的维护率,以“元”为单位计算维护费用。

⑦ 树穴盖板维护

树穴盖板维护根据树穴盖板不同材质、使用年限分为 6 个定额子目。

树穴盖板铸铁、塑钢、混凝土维护适用于架空和实铺的铸铁、塑钢、混凝土盖板的维护。

树穴盖板维护以总造价为基础乘以规定的维护率,以“元”为单位计算维护费用。

⑧ 水池底壁维护

水池底壁维护根据水池底壁面层不同材质分为 2 个定额子目。

a. 水池底壁整体式维护适用于池壁、池底面层材料以水泥抹面为主构成的水池,主要为保洁、修补等维护内容。

b. 水池底壁块料式维护适用于池壁、池底面层材料以马赛克、缸砖、大理石、水磨石等硬质材料构成的水池,主要为保洁、修补等维护内容。

c. 主材不同可作换算,但定额规定的消耗量不变。

d. 按水池壁、池底展开面积以“m^2”为单位计算工程量。

4. 其他说明

本章定额子目除定额说明者外,消耗量均不作调整。

一、建筑维护

工作内容：检修屋面、门窗，刷内外墙乳胶漆、门窗梁柱等油漆，检修地坪。

定额编号				LY5-1-1	LY5-1-2	LY5-1-3	LY5-1-4
项目			单位	普通建筑维护			
				办公用房	仓库(工具间)	配电用房(泵房)	饲料加工用房
				m^2	m^2	m^2	m^2
人工	00090115	养护工	工日	0.1248	0.1010	0.1904	0.1542
材料	04011113	白色硅酸盐水泥 P·W 42.5级	kg	0.2454	0.1987	0.0699	0.0566
	04170206	中瓦 200×180	张	2.0702	1.6761	1.1666	0.9445
	11110601	塑钢平开窗(含玻璃)	m^2	0.0052	0.0042		
	13010101	调和漆	kg	0.0206	0.0167	0.1533	0.1241
	13030401	乳胶漆	kg	0.3651	0.2956	0.0970	0.0786
	13172011	石膏粉 特制	kg	0.0021	0.0017	0.0154	0.0124
	14010301	熟桐油	kg	0.0013	0.0011	0.0077	0.0062
	14413101	801建筑胶水	kg	0.0521	0.0422		
	34110101	水	m^3	0.0005	0.0004	0.0001	0.0001
	80010113	水泥砂浆 1:2.5	m^3	0.0003	0.0002	0.0001	0.0001
	80030113	石灰砂浆 1:3	m^3	0.0019	0.0015	0.0010	0.0008
		其他材料费	%	5.0000	5.0000	5.0000	5.0000
机械	99050790	挤压式灰浆搅拌机 400L	台班	0.0001	0.0001		
	99091380	电动卷扬机单筒快速 10kN	台班	0.0042	0.0034		

工作内容：检修屋面、门窗，刷内外墙乳胶漆、门窗梁柱等油漆，检修地坪。

定额编号				LY5-1-5	LY5-1-6	LY5-1-7	LY5-1-8
项目			单位	普通建筑维护			
				餐厅用房	展示厅用房	售票房、门卫	厕所
				m^2	m^2	m^2	m^2
人工	00090115	养护工	工日	0.1973	0.2437	0.1348	0.1560
材料	03150101	圆钉	kg	0.5858	0.7236		
	04011113	白色硅酸盐水泥 P·W 42.5 级	kg	0.1130	0.1395	0.2009	0.2325
	04170206	中瓦 200×180	张	1.5694	1.9385	2.2180	2.5668
	05030102	一般木成材	m^3	0.0004	0.0005		
	07030037	面砖 75×150	m^2			0.0281	0.0325
	07050212	地砖 300×300	m^2	0.0120	0.0148	0.0134	0.0155
	11110601	塑钢平开窗(含玻璃)	m^2			0.0069	0.0080
	13010101	调和漆	kg	0.1200	0.1483	0.0301	0.0349
	13030401	乳胶漆	kg	0.1508	0.1862	0.2970	0.3437
	13172011	石膏粉 特制	kg	0.0120	0.0149	0.0030	0.0035
	14010301	熟桐油	kg	0.0060	0.0074	0.0015	0.0017
	14413101	801 建筑胶水	kg	0.1085	0.1341	0.0424	0.0491
	80010111	水泥砂浆 1∶1	m^3	0.0003	0.0004	0.0009	0.0011
	80030113	石灰砂浆 1∶3	m^3	0.0014	0.0017	0.0002	0.0002
		其他材料费	%	5.0000	5.0000	5.0000	5.0000
机械	99210070	木工平刨床 刨削宽度 500	台班	0.0008	0.0010		

工作内容：检修屋面、门窗，刷内外墙乳胶漆、门窗梁柱等油漆，检修地坪。

定额编号				LY5-1-9
项目			单位	普通建筑维护
				小卖部
				m^2
人工	00090115	养护工	工日	0.1135
材料	04011113	白色硅酸盐水泥 P·W 42.5 级	kg	0.1691
	04170206	中瓦 200×180	张	1.8668
	07030037	面砖 75×150	m^2	0.0236
	07050212	地砖 300×300	m^2	0.0113
	11110601	塑钢平开窗(含玻璃)	m^2	0.0058
	13010101	调和漆	kg	0.0254
	13030401	乳胶漆	kg	0.2500
	13172011	石膏粉 特制	kg	0.0025
	14010301	熟桐油	kg	0.0013
	14413101	801 建筑胶水	kg	0.0357
	80010111	水泥砂浆 1∶1	m^3	0.0008
	80030113	石灰砂浆 1∶3	m^3	0.0002
		其他材料费	%	5.0000

工作内容：检修屋面、墙面，刷柱梁等构件油漆，检修门窗、栏杆、封沿板，检修花边滴水，检修地坪。

定额编号				LY5-1-10	LY5-1-11	LY5-1-12	LY5-1-13
项目			单位	古典建筑维护			
				重檐亭	单檐亭	竹亭	复廊
				m^2	m^2	m^2	m^2
人工	00090115	养护工	工日	0.4389	0.3792	0.3192	0.3584
材料	04011113	白色硅酸盐水泥 P·W 42.5 级	kg	0.0260	0.0225	0.0189	0.1690
	04030115	黄砂 中粗	t	0.0005	0.0004	0.0003	
	04090701	油灰	kg	0.0031	0.0026	0.0022	
	04170206	中瓦 200×180	张	2.0606	1.7806	1.4986	2.2686
	05030102	一般木成材	m^3	0.0006	0.0006	0.0005	0.0009
	13010101	调和漆	kg	0.5039	0.4354	0.3665	0.2982
	13030401	乳胶漆	kg	0.0387	0.0335	0.0282	0.1887
	13172011	石膏粉 特制	kg	0.0505	0.0436	0.0367	
	14010301	熟桐油	kg	0.0252	0.0218	0.0184	0.0149
	14413101	801 建筑胶水	kg	0.0055	0.0048	0.0040	0.0299
	31091614	方砖 430×430×50	100 块	0.0004	0.0004	0.0003	
	31111721	蝴蝶滴水瓦(中) 180×180	100 张	0.0004	0.0004	0.0003	0.0007
	31111741	蝴蝶花边瓦(中) 200×200	100 张	0.0003	0.0003	0.0002	0.0005
	34110101	水	m^3				0.0003
	80030113	石灰砂浆 1∶3	m^3	0.0019	0.0016	0.0014	0.0021
		其他材料费	%	5.0000	5.0000	5.0000	5.0000
机械	99091380	电动卷扬机单筒快速 10kN	台班	0.0001			0.0001

工作内容：检修屋面、墙面，刷柱梁等构件油漆，检修门窗、栏杆、封沿板，检修花边滴水，检修地坪。

定额编号				LY5-1-14	LY5-1-15	LY5-1-16	LY5-1-17
项目			单位	古典建筑维护			
				平廊	竹廊	戏台	楼房
				m^2	m^2	m^2	m^2
人工	00090115	养护工	工日	0.3097	0.2606	0.4237	0.3834
材料	04011113	白色硅酸盐水泥 P·W 42.5 级	kg	0.1460	0.1229	0.1669	0.1510
	04030115	黄砂 中粗	t			0.0004	0.0004
	04090701	油灰	kg			0.0027	0.0024
	04170206	中瓦 200×180	张	1.9604	1.6499	2.0203	1.8280
	05030102	一般木成材	m^3	0.0007	0.0006	0.0001	0.0001
	13010101	调和漆	kg	0.2577	0.2169	0.5511	0.4986
	13030401	乳胶漆	kg	0.1631	0.1372	0.2483	0.2247
	13172011	石膏粉 特制	kg			0.0552	0.0500
	14010301	熟桐油	kg	0.0129	0.0109	0.0276	0.0250
	14413101	801 建筑胶水	kg	0.0258	0.0217	0.1787	0.1617
	31091614	方砖 430×430×50	100 块			0.0004	0.0004
	31111721	蝴蝶滴水瓦(中) 180×180	100 张	0.0006	0.0005	0.0006	0.0005
	31111741	蝴蝶花边瓦(中) 200×200	100 张	0.0004	0.0003	0.0004	0.0004
	34110101	水	m^3	0.0003	0.0002		
	80030113	石灰砂浆 1∶3	m^3	0.0018	0.0015	0.0019	0.0017
		其他材料费	%	5.0000	5.0000	5.0000	5.0000

工作内容：检修屋面、墙面、柱梁等构件油漆，检修门窗、栏杆、封沿板，检修花边滴水，检修地坪。

定额编号				LY5-1-18	LY5-1-19	LY5-1-20	LY5-1-21
项目			单位	古典建筑维护			
				石舫	斋、庑、房	水榭	殿
				m^2	m^2	m^2	m^2
人工	00090115	养护工	工日	0.3238	0.2725	0.3747	0.5440
材料	04011113	白色硅酸盐水泥 P·W 42.5 级	kg	0.1005	0.0846	0.1163	0.1411
	04030115	黄砂 中粗	t	0.0005	0.0004	0.0006	0.0007
	04090701	油灰	kg	0.0033	0.0027	0.0038	0.0043
	04170206	中瓦 200×180	张	1.4104	1.1870	1.6321	2.1639
	05030102	一般木成材	m^3	0.0001	0.0001	0.0002	0.0007
	13010101	调和漆	kg	0.4196	0.3531	0.4855	0.6422
	13030401	乳胶漆	kg	0.1496	0.1259	0.1731	0.2100
	13172011	石膏粉 特制	kg				0.0644
	14010301	熟桐油	kg	0.0210	0.0177	0.0243	0.0322
	14413101	801 建筑胶水	kg	0.1077	0.0906	0.1246	0.1512
	31091614	方砖 430×430×50	100 块	0.0005	0.0004	0.0006	0.0006
	31111721	蝴蝶滴水瓦(中) 180×180	100 张	0.0004	0.0004	0.0005	0.0004
	31111741	蝴蝶花边瓦(中) 200×200	100 张	0.0003	0.0003	0.0004	0.0003
	80030113	石灰砂浆 1：3	m^3	0.0018	0.0015	0.0021	0.0020
		其他材料费	%	5.0000	5.0000	5.0000	5.0000
机械	99210070	木工平刨床 刨削宽度 500	台班				0.0012

工作内容：检修屋面、墙面、柱梁等构件油漆，检修门窗、栏杆、封沿板，检修花边滴水，检修地坪。

定额编号				LY5-1-22	LY5-1-23	LY5-1-24	LY5-1-25
项目			单位	古典建筑维护			
				堂	厅	牌楼	牌坊
				m^2	m^2	m^2	m^2
人工	00090115	养护工	工日	0.3956	0.4700	0.1358	0.1572
材料	04011113	白色硅酸盐水泥 P·W 42.5 级	kg	0.1026	0.1220		
	04030115	黄砂 中粗	t	0.0005	0.0006		
	04090701	油灰	kg	0.0031	0.0037		
	04170206	中瓦 200×180	张	1.5737	1.8699	3.2063	3.7105
	05030102	一般木成材	m^3	0.0005	0.0006	0.0001	0.0002
	05310228	毛竹 周长 12″×6m	根			0.0308	0.0356
	05330111	竹笆 1000×2000	m^2			0.0031	0.0036
	13010101	调和漆	kg	0.4671	0.5550	0.2263	0.2619
	13030401	乳胶漆	kg	0.1527	0.1815		
	13172011	石膏粉 特制	kg	0.0468	0.0556	0.0227	0.0263
	14010301	熟桐油	kg	0.0234	0.0278	0.0113	0.0131
	14413101	801 建筑胶水	kg	0.1099	0.1306		
	31091614	方砖 430×430×50	100 块	0.0005	0.0006		
	31111721	蝴蝶滴水瓦(中) 180×180	100 张	0.0003	0.0003	0.0003	0.0004
	31111741	蝴蝶花边瓦(中) 200×200	100 张	0.0002	0.0002	0.0002	0.0003
	80030113	石灰砂浆 1：3	m^3	0.0014	0.0017	0.0028	0.0032
		其他材料费	%	5.0000	5.0000	5.0000	5.0000
机械	99210070	木工平刨床 刨削宽度 500	台班	0.0009	0.0011		

工作内容：检修屋面、墙面、柱梁等构件油漆，检修门窗、栏杆、封沿板，检修花边滴水，检修地坪。

定额编号				LY5-1-26	LY5-1-27	LY5-1-28
项目			单位	古典建筑维护		
				垂花门	宝塔	钟楼、鼓楼
				m^2	m^2	m^2
人工	00090115	养护工	工日	0.1143	0.7683	0.6220
材料	04011113	白色硅酸盐水泥 P·W 42.5 级	kg		0.2354	0.1906
	04170206	中瓦 200×180	张	2.6985	1.4515	1.1752
	05030102	一般木成材	m^3	0.0001	0.0047	0.0038
	05310228	毛竹 周长 12″×6m	根	0.0259	0.2252	0.1823
	05330111	竹笆 1000×2000	m^2	0.0026	0.0178	0.0144
	13010101	调和漆	kg	0.1905	0.8448	0.6840
	13030401	乳胶漆	kg		0.3504	0.2837
	13172011	石膏粉 特制	kg	0.0191	0.0847	0.0686
	14010301	熟桐油	kg	0.0095	0.0423	0.0343
	14413101	801 建筑胶水	kg		0.0500	0.0405
	31111721	蝴蝶滴水瓦(中) 180×180	100 张	0.0003	0.0005	0.0004
	31111741	蝴蝶花边瓦(中) 200×200	100 张	0.0002	0.0003	0.0003
	34110101	水	m^3		0.0004	0.0003
	80010113	水泥砂浆 1:2.5	m^3		0.0002	0.0002
	80030113	石灰砂浆 1:3	m^3	0.0023	0.0013	0.0011
		其他材料费	%	5.0000	5.0000	5.0000
机械	99210070	木工平刨床 刨削宽度 500	台班		0.0030	0.0025

二、小 品 维 护

工作内容：1. 混凝土构件清底、破损修补、刷涂料。
2. 混凝土构件清底、破损修补、刷涂料；钢构件表面清底，刷防锈漆、色漆，破损调换。
3. 钢构件表面清底，刷防锈漆、色漆，破损调换。
4. 混凝土构件清底、破损修补、刷涂料；木构件表面清底，刷色漆、清漆或广漆，破损调换。

定额编号				LY5-2-1	LY5-2-2	LY5-2-3	LY5-2-4
项目			单位	花架维护			
				钢筋混凝土结构	混凝土钢混合结构	钢结构	混凝土木混合结构
				m²	m²	m²	m²
人工	00090115	养护工	工日	0.0305	0.0715	0.1126	0.0557
材料	02330201	草袋	m²				0.0005
	03150101	圆钉	kg			0.0021	0.0015
	03154813	铁件	kg				0.0013
	05030102	一般木成材	m³				0.0029
	05031901	防腐木	m³			0.0008	
	13010101	调和漆	kg		0.0550	0.0550	
	13010901	抄油	kg		0.0550	0.0550	
	13011001	清油	kg	0.0331	0.0201	0.0072	
	13030101	803涂料	kg	0.3078	0.3078		
	13052801	防腐油	kg				0.0033
	13056101	红丹防锈漆	kg		0.0106	0.0106	
	13170601	润油面腻子	kg		0.0060	0.0060	
	13172011	石膏粉 特制	kg	0.0485	0.0485		
	14050201	松香水	kg		0.0095	0.0095	
	34110101	水	m³				0.0030
	80210514	预拌混凝土(非泵送型) C20 粒径 5～20	m³				0.0026
		其他材料费	%	5.0000	5.0000	5.0000	5.0000
机械	99050930	混凝土振捣器(插入式)	台班				0.0003
	99210070	木工平刨床 刨削宽度 500	台班				0.0001

工作内容： 1，2. 检修基础、假山石黏结、沉降度，假山石修补，清扫垃圾，检修其他附属设施等。
3. 检修基础、假山石黏结度、沉降度，假山石修补，清扫垃圾，检修其他附着设施等。
4. 检修附着主体、饰面石黏结度，表面石修补，清扫垃圾，保洁上光等。

定额编号				LY5-2-5	LY5-2-6	LY5-2-7	LY5-2-8
项目			单位	假山维护		景石维护	
				湖石、黄石	人工塑造假山	零星假山石	蘑菇墙
				t	m^2	t	m^2
人工	00090115	养护工	工日	0.1490	0.0634	0.1761	0.1846
材料	03154813	铁件	kg	0.2116			
	04110507	毛石 100～400	t	0.0014		0.0005	0.0285
	04131714	蒸压灰砂砖 240×115×53	块		3.0180		
	04290706	钢筋混凝土平板	m^3		0.0007		
	05030102	一般木成材	m^3	0.0001			
	05310229	毛竹 周长 14″×6m	根	0.0037			
	08030212	花岗岩板 500×400×80	m^2				(0.0137)
	08030223	花岗岩石材 1380×300×400	m^3	0.0014			
	32450801	湖石	t			0.0128	
	32450901	黄石	t	0.0141			
	34110101	水	m^3	0.0035	0.0034	0.0026	
	80010112	水泥砂浆 1∶2	m^3		0.0011		
	80010113	水泥砂浆 1∶2.5	m^3	0.0007		0.0031	
	80010118	水泥砂浆 M5.0	m^3		0.0010		0.0042
	80050125	混合砂浆 M5.0	m^3		(0.0054)		
	80210213	现拌混凝土 C15	m^3	0.0014		0.0010	
	80210214	现拌混凝土 C20	m^3		0.0040		
		其他材料费	%	5.0000	5.0000	5.0000	5.0000
机械	99050790	挤压式灰浆搅拌机 400L	台班				0.0008
	99090350	汽车式起重机 5t	台班	0.0005	0.0008	0.0006	

工作内容：1．检修附着主体、饰面石黏结度，表面石修补，清扫垃圾，保洁上光等。
2，3，4．检修基础、坡体沉降、压顶完整，补缝，填土，设立警示牌等。

定额编号				LY5-2-9	LY5-2-10	LY5-2-11	LY5-2-12
项目			单位	景石维护			
				块(片)石墙	条石驳岸	毛石驳岸	护坡、挡土墙
				m^2	m	m	m
人工	00090115	养护工	工日	0.1494	0.0152	0.0131	0.0110
材料	04110507	毛石 100～400	t	0.0230	0.0154	0.0133	0.0112
	08030212	花岗岩板 500×400×80	m^2	(0.0111)			
	34110101	水	m^3		0.0002	0.0002	0.0001
	80010118	水泥砂浆 M5.0	m^3	0.0034	0.0027	0.0023	0.0020
	80210223	现拌混凝土　C20 粒径 5～16	m^3		0.0003	0.0002	0.0002
		其他材料费	%	5.0000	5.0000	5.0000	5.0000
机械	99050790	挤压式灰浆搅拌机 400L	台班	0.0006			

工作内容：1，2．翻修花坛石平整度、检修花坛石缺失、清扫及保养等。
3，4．翻修侧石平整度、检修侧石缺失、清扫及保养等。

定额编号				LY5-2-13	LY5-2-14	LY5-2-15	LY5-2-16
项目			单位	花坛石等维护		道路侧石维护	树穴侧石维护
				石构件	混凝土构件	混凝土、石构件	石构件
				m^2	m^2	m	m
人工	00090115	养护工	工日	0.0555	0.0011	0.0151	0.0308
材料	02330201	草袋	m^2		0.0028		
	03110205	砂轮片 ϕ230	片	0.0001			
	03211102	钢钎	kg	0.0017		0.0005	0.0009
	03211201	钨钢头	kg	0.0003		0.0001	0.0001
	08030215	花岗岩石材 430×230×160	m^3	0.0009		0.0002	0.0005
	34110101	水	m^3		0.0020		
	34110511	焦炭	kg	0.0029		0.0008	0.0016
	80010118	水泥砂浆 M5.0	m^3	0.0002		0.0001	0.0001
	80210514	预拌混凝土(非泵送型) C20 粒径 5～20	m^3		0.0008		
		其他材料费	%	5.0000	5.0000	5.0000	5.0000
机械	99050930	混凝土振捣器(插入式)	台班		0.0001		

工作内容：1. 翻修侧石平整度、检修侧石缺失、清扫及保养等。

2，3，4. 巡查桥体沉降损坏情况、定期保洁、疏通泄水孔、检修桥面、接坡部分破损修补。

定额编号				LY5-2-17	LY5-2-18	LY5-2-19	LY5-2-20
项目			单位	树穴侧石维护	园桥维护		
				混凝土构件	石桥	混凝土、石结构桥	钢筋混凝土结构桥
				m	m^2	m^2	m^2
人工	00090115	养护工	工日	0.0126	0.0300	0.0238	0.0146
材料	13030101	803 涂料	kg			0.0445	0.1113
	13171701	大白粉	kg			0.0253	0.0633
	13172401	羧甲基纤维素(化学浆糊)	kg			0.0016	0.0040
	14230512	颜料(色粉)	kg			0.0002	0.0004
	34110101	水	m^3	0.0031		0.0004	0.0011
	80010113	水泥砂浆 1∶2.5	m^3			0.0001	0.0003
	80010120	水泥砂浆 M10	m^3		0.0004	0.0002	
	80060214	干混抹灰砂浆 DP M20.0	m^3	0.0003			
	80210514	预拌混凝土(非泵送型) C20 粒径 5～20	m^3	0.0011			
		其他材料费	%	5.0000	5.0000	5.0000	5.0000
机械	99050930	混凝土振捣器(插入式)	台班	0.0001			
	99090350	汽车式起重机 5t	台班		0.0002	0.0001	

工作内容：巡查桥体损坏情况、定期保洁、疏通泄水孔、检修桥面、接坡部分破损修补。

定额编号				LY5-2-21	LY5-2-22
项目			单位	园桥维护	
				钢结构	混凝土、木结构桥
				t	m^2
人工	00090115	养护工	工日	0.0921	0.0489
材料	01050164	钢丝绳 ϕ12	kg	0.1062	
	03130111	电焊条 J422	kg	0.0921	
	03130955	焊丝 ϕ3.2	kg	0.0519	
	03150101	圆钉	kg		0.0025
	03154813	铁件	kg	0.0885	
	05030106	大方材 ≥101cm^2	m^3	0.0276	
	05031901	防腐木	m^3		0.0004
	13010101	调和漆	kg		0.0323
	13011411	环氧富锌底漆	kg	0.0594	
	13030101	803 涂料	kg		0.0668
	13056101	红丹防锈漆	kg		0.0237
	13070801	地板漆	kg		0.0237
	13171701	大白粉	kg		0.0380
	13172011	石膏粉 特制	kg		0.0042
	13172401	羧甲基纤维素(化学浆糊)	kg		0.0024
	14010301	熟桐油	kg		0.0026
	14050111	溶剂油 200#	kg		0.0040
	14230512	颜料(色粉)	kg		0.0002
	14354301	稀释剂	kg	0.0048	
	14391202	二氧化碳气体	m^3	0.0339	
	33010951	钢桁架	t	0.0280	
	34110101	水	m^3		0.0006
	80010113	水泥砂浆 1∶2.5	m^3		0.0002
		其他材料费	%	5.0000	5.0000
机械	99090410	汽车式起重机 20t	台班	0.0076	
	99210070	木工平刨床 刨削宽度 500	台班		0.0004
	99250020	交流弧焊机 32kVA	台班	0.0055	
	99250470	二氧化碳气体保护焊机 500A	台班	0.0055	

工作内容：1. 巡查桥体损坏情况、定期保洁、疏通泄水孔、检修桥面、接坡部分破损修补。
2. 巡查栏杆破损情况、定期保洁、检修栏杆、扶正加固、栏杆面清底刷涂料。

定额编号				LY5-2-23	LY5-2-24
项目			单位	园桥维护	栏杆维护
				木(栈)桥	混凝土栏杆
				m^2	m
人工	00090115	养护工	工日	0.1005	0.0644
材料	01010120	成型钢筋	t		0.0002
	02330201	草袋	m^2		0.0622
	03150101	圆钉	kg	0.0061	0.0326
	03152546	镀锌铁丝 22#	kg		0.0007
	05030102	一般木成材	m^3		0.0001
	05031901	防腐木	m^3	0.0011	
	13010101	调和漆	kg	0.0807	
	13030101	803 涂料	kg		0.1762
	13056101	红丹防锈漆	kg	0.0593	
	13070801	地板漆	kg	0.0593	
	13172011	石膏粉 特制	kg	0.0106	
	14010301	熟桐油	kg	0.0065	
	14050111	溶剂油 200#	kg	0.0101	
	34110101	水	m^3		0.0005
	80010112	水泥砂浆 1∶2	m^3		0.0002
	80210215	现拌混凝土 C25	m^3		0.0017
		其他材料费	%	5.0000	5.0000
机械	99050930	混凝土振捣器(插入式)	台班		0.0003
	99050940	混凝土振捣器(平板式)	台班		0.0003
	99210070	木工平刨床 刨削宽度 500	台班	0.0010	

工作内容：巡查栏杆破损情况、定期保洁、检修栏杆、扶正加固、栏杆面清底刷油漆。

定额编号				LY5-2-25	LY5-2-26	LY5-2-27	LY5-2-28
项目			单位	栏杆维护		木栏杆维护	
				钢栏杆	塑钢栏杆	5 年以内	5 年以上
				m	m	m^2	m^2
人工	00090115	养护工	工日	0.0982	0.1212	0.3650	0.5214
材料	01010120	成型钢筋	t	0.0001	0.0001		
	01110211	塑钢	t		0.0002		
	01130101	扁钢	t	0.0002			
	03130111	电焊条 J422	kg	0.0063	0.0078		
	05030102	一般木成材	m^3			0.0014	0.0020
	13010101	调和漆	kg	0.0683			
	13056101	红丹防锈漆	kg	0.0553			
	14030101	汽油	kg	0.0001	0.0002		
	14050111	溶剂油 200#	kg	0.0052	0.0064		
	17010101	焊接钢管	t	0.0001	0.0001		
	80210214	现拌混凝土 C20	m^3	0.0005	0.0006		
		其他材料费	%	5.0000	5.0000	5.0000	5.0000
机械	99210070	木工平刨床 刨削宽度 500	台班			0.0042	0.0060

工作内容：清扫保洁，凿除破损，修补裂缝、缺损，伸缩缝修补等。

定额编号				LY5-2-29	LY5-2-30	LY5-2-31	LY5-2-32
项目			单位	整体混凝土园路维护	沥青混凝土面层园路维护	透水混凝土园路维护（含健身步道）	广场砖、透水砖面层维护
				m^2	m^2	m^2	m^2
人工	00090115	养护工	工日	0.0158	0.0050	0.0036	0.0276
材料	02310101	无纺布	m^2			0.0066	
	02330201	草袋	m^2	0.0177			
	03211101	风镐凿子	根	0.0015			0.0013
	04010116	水泥 52.5 级	kg			0.6339	
	04050209	碎石 5～15	t	0.0034			
	04050241	碎石(精加工玄武岩) 5～10	kg			3.2004	
	13053501	环氧沥青漆	kg		0.0079		
	14030301	重质柴油	kg		0.0008		
	14355801	氟碳保护剂	kg			0.0099	
	14412911	PG 道路封缝胶	kg			0.0032	
	14415531	混凝土表面增强剂 LDA	kg			0.0059	
	15130214	泡沫条 ϕ8	m			0.0099	
	34110101	水	m^3	0.0023		0.0015	0.0010
	36090111	广场砖	m^2				0.0231
	80010111	水泥砂浆 1∶1	m^3				0.0005
	80210215	现拌混凝土 C25	m^3	0.0022			0.0022
	80250311	细粒式沥青混凝土 AC-13	t		0.0015		
	80250811	粗粒式沥青碎石 AM-30	t		0.0042		
		其他材料费	%	5.0000	5.0000	5.0000	5.0000
机械	99050230	双锥反转出料混凝土搅拌机 500L	台班			0.0001	
	99050790	挤压式灰浆搅拌机 400L	台班				0.0001
	99050940	混凝土振捣器(平板式)	台班	0.0003		0.0001	0.0003
	99070940	机动翻斗车 1t	台班			0.0001	0.0002
	99130110	内燃光轮压路机 轻型	台班		0.0001		
	99330010	风镐	台班	0.0014			0.0011
	99430230	电动空气压缩机 6m^3/min	台班	0.0007			0.0005

工作内容：1，2，3. 清扫保洁，凿除破损，修补裂缝、缺损，伸缩缝修补等。
4. 检修墙面起壳、龟裂和剥落，墙面清底刷涂料。

定额编号				LY5-2-33	LY5-2-34	LY5-2-35	LY5-2-36
项目			单位	大理石、花岗岩、嵌卵石面层维护	蓓力砖(彩色)路面维护	瓦(缸)片等面层维护	围墙维护
							砖砌
				m^2	m^2	m^2	m
人工	00090115	养护工	工日	0.0597	0.0103	0.0327	0.0777
材料	04030902	山砂	t			0.0039	
	04050901	卵石	t	0.0021			
	04050919	卵石 彩色	t	0.0006			
	13030101	803 涂料	kg				0.5424
	13172011	石膏粉 特制	kg				0.0854
	13172401	羧甲基纤维素(化学浆糊)	kg				0.0583
	31111711	蝴蝶瓦(盖瓦) 160×160×11	m^2			0.0022	
	34110101	水	m^3	0.0019			0.0003
	36050801	彩色蓓力砖	m^2		0.0384		
	80010112	水泥砂浆 1∶2	m^3				0.0026
	80060213	干混抹灰砂浆 DP M15.0	m^3		0.0008		
	80060214	干混抹灰砂浆 DP M20.0	m^3	0.0014			
		其他材料费	%	5.0000	5.0000	5.0000	5.0000
机械	99050790	挤压式灰浆搅拌机 400L	台班		0.0006		0.0004
	99091440	电动卷扬机双筒快速 50kN	台班				0.0006

工作内容：1. 检修墙面起壳、龟裂和剥落，墙面清底刷涂料。

2，3，4. 检修墙面起壳、龟裂和剥落，墙面清底刷涂料，修补钢构件破损，除锈刷色漆。

定额编号				LY5-2-37	LY5-2-38	LY5-2-39	LY5-2-40
项目			单位	围墙维护			
				石、钢结构	型钢结构	钢、砖混合结构	钢丝网
				m	m	m	m
人工	00090115	养护工	工日	0.2048	0.1865	0.2158	0.0068
材料	01010120	成型钢筋	t	0.0002	0.0006	0.0007	
	01130101	扁钢	t	0.0003	0.0001	0.0001	
	01210101	等边角钢	t		0.0001	0.0001	
	03130111	电焊条 J422	kg	0.0124			0.0041
	03152101	镀锌铁丝网	m^2				0.0566
	04110507	毛石 100～400	t	0.0202			
	13010101	调和漆	kg	0.1337	0.0592	0.0685	
	13030101	803 涂料	kg		0.3854	0.4460	
	13056101	红丹防锈漆	kg	0.1081	0.0569	0.0658	
	13172011	石膏粉 特制	kg		0.0607	0.0702	
	13172401	羧甲基纤维素(化学浆糊)	kg		0.0414	0.0479	
	14030101	汽油	kg	0.0003	0.0003	0.0004	
	14050111	溶剂油 200#	kg	0.0101	0.0083	0.0096	
	17010101	焊接钢管	t	0.0002			
	34110101	水	m^3		0.0002	0.0002	
	80010112	水泥砂浆 1∶2	m^3		0.0019	0.0021	
	80060111	干混砌筑砂浆 DM M5.0	m^3	0.0035			
	80210214	现拌混凝土 C20	m^3	0.0010			
	80210215	现拌混凝土 C25	m^3		0.0006	0.0006	
		其他材料费	%	5.0000	5.0000	5.0000	5.0000
机械	99050790	挤压式灰浆搅拌机 400L	台班		0.0003	0.0004	
	99091380	电动卷扬机单筒快速 10kN	台班	0.0001			
	99091440	电动卷扬机双筒快速 50kN	台班		0.0004	0.0005	
	99250020	交流弧焊机 32kVA	台班				0.0002

工作内容：1，2. 检修墙面起壳、龟裂和剥落，墙面清底刷涂料，检修压顶瓦、花边滴水。
3. 检修墙体，勾缝，刷涂料等。

定额编号				LY5-2-41	LY5-2-42	LY5-2-43
项目			单位	围墙维护		
				砖砌古式围墙（不含漏窗）	砖砌古式围墙（含漏窗）	其他围墙
				m	m	m
人工	00090115	养护工	工日	0.0936	0.1156	0.0680
材料	04170209	小青瓦 200×200×13	100 张	0.0290	0.0357	
	13011001	清油	kg	0.0566	0.0700	
	13030101	803 涂料	kg	0.5269	0.6508	0.4748
	13172011	石膏粉 特制	kg	0.0830	0.1025	0.0748
	13172401	羧甲基纤维素（化学浆糊）	kg			0.0510
	14413901	煤胶	kg	0.0013	0.0016	
	31111721	蝴蝶滴水瓦（中）180×180	100 张	0.0014	0.0017	
	31111731	蝴蝶花边瓦（中）180×180	100 张	0.0014	0.0017	
	34110101	水	m^3	0.0002	0.0003	0.0002
	80010112	水泥砂浆 1∶2	m^3			0.0023
	80030113	石灰砂浆 1∶3	m^3	0.0231	0.0285	
	80030711	纸筋石灰浆	m^3	0.0004	0.0005	
		其他材料费	%	5.0000	5.0000	5.0000
机械	99050790	挤压式灰浆搅拌机 400L	台班	0.0006	0.0007	0.0004
	99091440	电动卷扬机双筒快速 50kN	台班	0.0008	0.0009	0.0005

三、其他零星维护

工作内容：定期刷洗保洁，破损修补，结构检查，警示设置检查。

定额编号				LY5-3-1	LY5-3-2	LY5-3-3	LY5-3-4
项目			单位	雕塑（金属）		雕塑（塑钢、玻璃钢）	
				5 年以内	5 年以上	5 年以内	5 年以上
				元	元	元	元
人工	00090115	养护工	%	(40.0000)	(40.0000)	(40.0000)	(40.0000)
材料		按总价	%	1.9000	3.3250	3.3250	4.7500

工作内容：定期刷洗保洁，基座局部粉刷层和贴面破损、起壳，清底修补。

定额编号				LY5-3-5
项目			单位	雕塑基座贴面
				m^2
人工	00090115	养护工	工日	0.0122
材料	01410102	黄铜丝	kg	0.0007
	03154813	铁件	kg	0.0058
	04011113	白色硅酸盐水泥 P·W 42.5 级	kg	0.0034
	08010225	大理石饰面板 1000×1000×20	m^2	0.0173
	13011001	清油	kg	0.0001
	14030501	煤油	kg	0.0007
	14050111	溶剂油 200#	kg	0.0001
	14091601	石蜡	kg	0.0005
	14311401	草酸	kg	0.0002
	80010112	水泥砂浆 1：2	m^3	0.0005
		其他材料费	%	5.0000
机械	99050790	挤压式灰浆搅拌机 400L	台班	0.0001
	99091440	电动卷扬机双筒快速 50kN	台班	0.0001

工作内容：1,2. 巡查破损情况、定期保洁、检修加固、钢构件除锈、油漆刷面。
3. 巡查破损情况、定期保洁、检修加固、混凝土构件修补、油漆刷面。

定额编号				LY5-3-6	LY5-3-7	LY5-3-8
项目			单位	钢材质		混凝土材质
				5 年以内	5 年以上	5 年以内
				元	元	元
人工	00090115	养护工	%	(40.0000)	(40.0000)	(40.0000)
材料		按总价	%	2.8500	4.2750	2.3750

工作内容：1. 巡查破损情况、定期保洁、检修加固、混凝土构件修补、油漆刷面。
2，3. 定期保洁、检修加固、破损修补。

定额编号				LY5-3-9	LY5-3-10	LY5-3-11
项目			单位	混凝土材质	其他材质(含塑件)	
				5 年以上	5 年以内	5 年以上
				元	元	元
人工	00090115	养护工	%	(40.0000)	(40.0000)	(40.0000)
材料		按总价	%	3.8000	2.8500	4.2750

工作内容：松动倾斜扶正加固、破损修补调换、清洗保洁。

定额编号				LY5-3-12	LY5-3-13	LY5-3-14	LY5-3-15
项目			单位	树穴盖板维护			
				铸铁	塑钢	混凝土	铸铁
				5年以内			5年以上
				元	元	元	元
人工	00090115	养护工	%	(40.0000)	(40.0000)	(40.0000)	(40.0000)
材料		按总价	%	1.9000	3.8000	3.3250	4.7500

工作内容：松动倾斜扶正加固、破损修补调换、清洗保洁。

定额编号				LY5-3-16	LY5-3-17
项目			单位	树穴盖板维护	
				塑钢	混凝土
				5年以上	
				元	元
人工	00090115	养护工	%	(40.0000)	(40.0000)
材料		按总价	%	2.3750	3.8000

工作内容：放水刷洗池壁、凿除破损面层、修补面层、保洁养护、补充水量。

定额编号				LY5-3-18	LY5-3-19
项目			单位	水池底壁维护	
				整体式	块料式
				m^2	m^2
人工	00090115	养护工	工日	0.0340	0.1053
材料	04011113	白色硅酸盐水泥 P·W 42.5级	kg		0.0128
	07070301	陶瓷锦砖	m^2		0.1295
	13350101	防水粉	kg	0.0744	
	34110101	水	m^3	0.0487	0.0033
	80010111	水泥砂浆 1:1	m^3		0.0032
	80010112	水泥砂浆 1:2	m^3	0.0027	
	80110601	素水泥浆	m^3		0.0001
		其他材料费	%	5.0000	5.0000
机械	99050790	挤压式灰浆搅拌机 400L	台班	0.0003	0.0005

第六章　设备设施维护

说　明

1. 适用范围

本章内容适用于本市各类园林绿地内设备、设施的维护预算费用的计算。

2. 组成内容

本章共 3 节 54 个定额子目。其中：

第一节　设备维护，包括配电房、水闸、泵房、车辆、机具、消防、健身等各种设备的维护。

第二节　设施维护，包括给水、排水、电力、照明、广播、监控、制冷、供暖等设施的维护。

第三节　其他零星维护，包括园椅园凳、垃圾箱(筒)、报廊、指示牌、告示牌、植物铭牌等零星物件的维护。

3. 项目说明

(1) 设备维护项目

① 包括配电房设备，水闸、泵房设备，车辆设备，机具设备，消防设备，健身设备以及其他设备的维护。定额子目内均已包括设备的检修、保养等工作内容。

② 各类设备维护项目根据使用年限，分为 5 年以内和 5 年以上两种规格。

③ 项目维护费用＝工程总价×百分比(％)。

工程总价指设备的全部费用；百分比为定额子目规定的维护率，维护率按定额子目规定，不得调整。

(2) 设施维护项目

① 包括给水系统，排水系统，电力、照明系统，广播、监控系统，制冷、供暖系统以及其他设施的维护。

a. 给水系统维护适用于由各种材质、各种管径组成的地上和地下的专用供水管网，以及各种阀门、表具、龙头、喷淋装置等的维护。

b. 排水系统维护适用于由各种材质、各种管径组成的雨水和污水排水管网，以及排水闸门、拦污栅等的维护。

c. 电力、照明系统维护适用于由各种规格的电线、电缆所组成的内部供电网和灯杆、照明灯具、开关、开关箱、表具、变压器、接线盒、连接件等的维护。

d. 广播、监控系统维护适用于由各种规格、各种材质组成的广播、监控线路和广播音响控制台、监控台以及广播音响、电脑终端、监控报警装置等的维护。

e. 制冷、供暖系统维护适用于由各种规格、各种材质组成的线路和制冷、供暖设施等的维护。

f. 能源费用按年费用计算，包括范围：水费、电费、燃气费、燃油费等各类能源开支费用之和。

② 各类设施维护项目根据使用年限，分为 5 年以内和 5 年以上两种规格。

③ 能源费用(年费用)以“元”为计量单位，按前三年实际支出的“年”平均数计算。

④ 设施维护项目按总价和维护率计算，同设备维护费用计算方法。

项目维护费用＝工程总价×百分比(％)

(3) 其他零星维护项目

① 包括园椅园凳维护，垃圾箱(筒)维护，报廊、指示牌、告示牌维护，植物铭牌维护等其他零星部件维护。

a. 园椅园凳维护适用于铸铁(不锈钢)、混凝土、石、木质等不同材质的园椅、园凳的维护。

b. 垃圾箱(筒)维护适用于不锈钢、塑钢、混凝土等不同材质的垃圾箱(筒)的维护。

c. 报廊、指示牌、告示牌维护适用于不锈钢、木、塑钢等不同材质的报廊、指示牌、告示牌的维护。

d. 植物铭牌维护适用于不锈钢、木、塑钢等不同材质的植物铭牌的维护。

e. 其他零星维护适用于上述项目以外的其他零星项目的维护。

② 根据不同材质(不锈钢、混凝土、木质、塑钢等)和使用年限(5年以内和5年以上),分为若干不同的定额子目。

③ 以不同的维护率,采用"百分比(%)"的方式计算费用。

4. 其他说明

① 除定额子目规定者外,消耗量均不作调整。

② 除能源费用计算项目外,定额子目的划分均按5年以内和5年以上划分。

③ 本定额子目费用的计算范围,均为非经营性项目维护费用,不包括经营性项目维护费用。

④ 设备设施维护项目的计算基础,以该维护项目的工程总价为准(含费率)。

⑤ 本章定额设备、设施项目维护费用中,40%为人工费用,60%为维护材料费用。

⑥ 若实际维护费用超过定额规定的费用时,可申请专项费用进行改造、大修。改造、大修后不再计算当年的维护费用。同时应对设备、设施项目价值进行重新评估,经评估后,维护率重新按5年以内计算。

一、设 备 维 护

工作内容：1,2. 检修、保养各类配电房设备、设施。
3,4. 检修、保养各类水闸、泵房设备、设施。

定 额 编 号				LY6-1-1	LY6-1-2	LY6-1-3	LY6-1-4
项 目			单位	配电房设备		水闸、泵房设备	
				5年以内	5年以上	5年以内	5年以上
				元	元	元	元
人工	00090115	养护工	%	(40.0000)	(40.0000)	(40.0000)	(40.0000)
材料		按水闸、泵房设备总价	%			2.8500	4.2750
		按配电房设备总价	%	2.8500	4.2750		

工作内容：1,2. 检修、保养各类非经营性特种车辆设备。
3,4. 检修、保养各类非经营性机具设备。

定 额 编 号				LY6-1-5	LY6-1-6	LY6-1-7	LY6-1-8
项 目			单位	车辆设备		机具设备	
				5年以内	5年以上	5年以内	5年以上
				元	元	元	元
人工	00090115	养护工	%	(40.0000)	(40.0000)	(40.0000)	(40.0000)
材料		按机具设备总价	%			1.9000	3.3250
		按车辆设备总价	%	3.3250	4.7500		

工作内容：1,2. 检修、保养各类消防设备、设施。
3,4. 检修、保养各类健身设备、设施。

定 额 编 号				LY6-1-9	LY6-1-10	LY6-1-11	LY6-1-12
项 目			单位	消防设备		健身设备	
				5年以内	5年以上	5年以内	5年以上
				元	元	元	元
人工	00090115	养护工	%	(40.0000)	(40.0000)	(40.0000)	(40.0000)
材料		按健身设备总价	%			2.3750	3.8000
		按消防设备总价	%	2.8500	4.2750		

工作内容：检修、保养各类其他设备、设施。

定额编号				LY6-1-13	LY6-1-14
项目			单位	其他设备	
				5年以内	5年以上
				元	元
人工	00090115	养护工	%	(40.0000)	(40.0000)
材料		按其他设备总价	%	2.8500	4.2750

二、设施维护

工作内容：检修和试水管道，连接管，调换阀门、龙头、喷淋装置，管道保护及保暖设施维护。

定额编号				LY6-2-1	LY6-2-2	LY6-2-3	LY6-2-4
项目			单位	给水系统		排水系统	
				5年以内	5年以上	5年以内	5年以上
				元	元	元	元
人工	00090115	养护工	%	(40.0000)	(40.0000)	(40.0000)	(40.0000)
材料		按排水系统总价	%			1.9000	3.3250
		按给水系统总价	%	2.3750	3.8000		

工作内容：检修和调试线路、管道、表具、阀门、开关和开关箱、变压器、接线盒、连接件等；清洗、油漆灯杆、灯箱、灯具并修补缺损、检查、调换照明器具、排除故障。

定额编号				LY6-2-5	LY6-2-6	LY6-2-7	LY6-2-8
项目			单位	电力、照明系统		广播、监控系统	
				5年以内	5年以上	5年以内	5年以上
				元	元	元	元
人工	00090115	养护工	%	(40.0000)	(40.0000)	(40.0000)	(40.0000)
材料		按广播、监控系统总价	%			2.8500	4.2750
		按电力、照明系统总价	%	2.8500	4.2750		

工作内容：检修、调试制冷、供暖设备，内部线路和控制台排除故障，器械消毒等。

定额编号				LY6-2-9	LY6-2-10
项目			单位	制冷、供暖系统	
				5年以内	5年以上
				元	元
人工	00090115	养护工	%	(40.0000)	(40.0000)
材料		按制冷、供暖系统总价	%	3.3250	4.7500

工作内容：检修、保养各类设施。

定　额　编　号				LY6-2-11	LY6-2-12
项　　目			单位	其他设施	
				5 年以内	5 年以上
				元	元
人工	00090115	养护工	%	(40.0000)	(40.0000)
材料		按其他设施总价	%	2.8500	4.2750

三、其他零星维护

工作内容：清底刷漆、检修破损、松动扶正加固、清洗保洁。

定　额　编　号				LY6-3-1	LY6-3-2	LY6-3-3	LY6-3-4
项　　目			单位	园椅园凳维护			
				铸铁(不锈钢)	混凝土	石	木质
				5 年以内			
				元	元	元	元
人工	00090115	养护工	%	(40.0000)	(40.0000)	(40.0000)	(40.0000)
材料		按椅凳总价	%	2.3750	2.8500	1.9000	2.8500

工作内容：清底刷漆、检修破损、松动扶正加固、清洗保洁。

定　额　编　号				LY6-3-5	LY6-3-6	LY6-3-7	LY6-3-8
项　　目			单位	园椅园凳维护			
				铸铁(不锈钢)	混凝土	石	木质
				5 年以上			
				元	元	元	元
人工	00090115	养护工	%	(40.0000)	(40.0000)	(40.0000)	(40.0000)
材料		按椅凳总价	%	3.8000	4.2750	3.3250	4.2750

工作内容：清除垃圾、调换垃圾袋、松动扶正加固、油漆、清洗保洁。

定　额　编　号				LY6-3-9	LY6-3-10	LY6-3-11	LY6-3-12
项　　目			单位	垃圾箱(筒)维护			
				不锈钢	塑钢	混凝土	不锈钢
				5 年以内			5 年以上
				元	元	元	元
人工	00090115	养护工	%	(40.0000)	(40.0000)	(40.0000)	(40.0000)
材料		按垃圾箱(筒)总价	%	1.9000	2.8500	2.3750	3.3250

工作内容：1,2. 清除垃圾、调换垃圾袋、松动扶正加固、油漆、清洗保洁。
3,4. 油漆、检修基础、松动扶正加固、清洗保洁。

定额编号				LY6-3-13	LY6-3-14	LY6-3-15	LY6-3-16
项目			单位	垃圾箱(筒)维护		报廊、指示牌、告示牌维护	
				塑钢	混凝土	不锈钢	木
				5年以上		5年以内	
				元	元	元	元
人工	00090115	养护工	%	(40.0000)	(40.0000)	(40.0000)	(40.0000)
材料		按垃圾箱(筒)总价	%	4.2750	3.8000		
		按报廊、指示牌、告示牌总价	%			1.9000	2.8500

工作内容：油漆、检修基础、松动扶正加固、清洗保洁。

定额编号				LY6-3-17	LY6-3-18	LY6-3-19	LY6-3-20
项目			单位	报廊、指示牌、告示牌维护			
				塑钢	不锈钢	木	塑钢
				5年以内	5年以上		
				元	元	元	元
人工	00090115	养护工	%	(40.0000)	(40.0000)	(40.0000)	(40.0000)
材料		按报廊、指示牌、告示牌总价	%	3.3250	3.3250	4.2750	4.7500

工作内容：松动倾斜扶正加固、破损修补调换、清洗保洁。

定额编号				LY6-3-21	LY6-3-22	LY6-3-23	LY6-3-24
项目			单位	植物铭牌维护			
				不锈钢	塑钢	木	不锈钢
				5年以内			5年以上
				元	元	元	元
人工	00090115	养护工	%	(40.0000)	(40.0000)	(40.0000)	(40.0000)
材料		按植物铭牌总价	%	1.9000	2.8500	3.3250	3.3250

工作内容：松动倾斜扶正加固、破损修补调换、清洗保洁。

定额编号				LY6-3-25	LY6-3-26	LY6-3-27	LY6-3-28
项目			单位	植物铭牌维护		其他零星维护	
				塑钢	木	5年以内	5年以上
				5年以上			
				元	元	元	元
人工	00090115	养护工	%	(40.0000)	(40.0000)	(40.0000)	(40.0000)
材料		按其他零星维护总价	%			2.8500	4.2750
		按植物铭牌总价	%	4.2750	4.7500		

第七章　保障措施项目

说　明

1. 适用范围

本章定额项目内容适用于各类园林绿地以内的为维护正常运营所必需的保洁、保安预算费用的计算。

2. 组成内容

本章定额共2节24个定额子目。其中：

第一节　保洁措施，包括河流、湖泊、池水、砂石滩、垃圾清理、广场、道路、厕所等保洁内容。

第二节　保安措施，包括绿地专项巡视、治安巡视、绿地门卫设置、售票人员设置等措施内容。

3. 项目说明

(1) 河流、湖泊及池水保洁项目

① 适用于绿地范围内河、湖等水体保洁维护，同时适用于城市河道流经绿地水域内的水体保洁维护，以及自然湖泊的水体保洁维护。主要工作内容包括：清捞水面垃圾、漂浮物、植物残体；保持水面清洁、垃圾堆放及水面安全巡视等工作。

② 水面保洁以面积计算工程量，水面的长度和宽度均以年平均水位线为准。

③ 水面保洁，定额规定每天1次。若两天1次，则乘以0.5系数，以此类推。本项目以人工打捞水面垃圾为主，不管采用什么方式，均不作调整。

④ 河流及湖泊保洁项目是以“$1000m^2$ · 每天1次”为单位计算工程量；池水保洁项目是以“$100m^2$ · 每天1次”为单位计算工程量。

(2) 砂石滩保洁维护项目

① 指人工沙滩或自然沙滩上的垃圾物的清理保洁工作。

② 定额以“$100m^2$”为单位计算工程量。

(3) 垃圾清理项目

① 垃圾清理是指对清洁垃圾的收集、堆放和装车外运等工作。

② 垃圾清理项目的工程量以去年发生的总量为准。

③ 定额以“t”为单位计算工程量。

(4) 广场、道路保洁项目

① 广场、道路保洁，按实际面积计算。不包括绿地保洁和水面保洁范围，其保洁工作内容，已在相应的定额项目中包括，不再重复计算。

② 广场、道路保洁分为每天1～3次，计算费用时应按实际清扫次数和面积计算。

③ 定额以“$1000m^2$”为单位计算工程量。

(5) 厕所保洁项目

① 适用于绿地内厕所的清洁、清扫人员的配备。不包括经营性收费厕所的维护费用。

② 厕所保洁项目：

a. 厕所保洁(固定)项目：厕位20以上、30以内，人工、材料乘以1.30系数换算。

b. 厕所保洁(流动)项目：厕位8以上、14以内，人工、材料乘以1.30系数换算。

③ 定额以“年(365天)”为单位。

④ 厕所保洁根据厕位数量分列定额项目，具体按实际保洁厕位数量计算。小便池不作统计。

(6) 绿地专项巡视项目、绿地治安巡视项目

指绿地内值班、巡视所配备人员发生的费用。

① 绿地专项巡视：

指绿地内病虫害防治巡视，野生动、植物资源保护巡视，调查等专项巡视工作。

绿地专项巡视按绿地内纯绿地面积以“$1000m^2$”为单位计算工程量。

② 绿地治安巡视：

指绿地内为保证公共安全，采用的值班和巡逻工作。

绿地治安巡视按绿地总面积以“$10000m^2$”为单位计算工程量。

(7) 绿地门卫设置(兼检票人员)项目

① 按实际需要和有关规定设置。适用于各类绿地的门卫(兼检票)人员。

② 定额计算以“处”为单位计算工程量。

(8) 售票人员设置项目

① 按实际需要和有关规定设置相应的工作岗位。适用于各类绿地票务人员。

② 窗口按客流高峰和低谷日平均数，计算实际开出的窗口数量；票据费用支出列入管理成本支出。

③ 定额计算以“窗口”数量为单位计算工程量。

4. 其他说明

① 本章河道、湖泊保洁项目中，未包括可能涉及喷头、水下彩灯、喷泉设施等维护工作内容，若发生可参照第六章设备、设施维护工程相关内容和规定，另行计算。

② 垃圾场外清运费、垃圾处置费等费用，可按上年度的实际发生数量作为计算基础。

③ 厕所保洁定额项目中，未包括水、电费用的支出，该部分费用可在第六章能源费用中列支。

④ 水面保洁定额项目中，未包括水体换水所发生的费用，若发生应该提出专项申请，经批准后，单独申请设项列支。

⑤ 巡视人员和保洁人员工作项目外包的(包括厕所保洁)，其费用按签订的合同另行计算，但不得再计算定额费用。

一、保洁措施

工作内容：清捞水面垃圾、漂浮物、植物残体，保持水面清洁，垃圾卸至指定点，水面安全巡视。

定额编号				LY7-1-1	LY7-1-2	LY7-1-3	LY7-1-4
项目			单位	河流保洁维护			
				宽 10m 以内	宽 20m 以内	宽 30m 以内	宽 40m 以内
				$1000m^2$ ·每天 1 次	$1000m^2$ ·每天 1 次	$1000m^2$ ·每天 1 次	$1000m^2$ ·每天 1 次
人工	00090115	养护工	工日	7.4348	7.0772	5.8975	5.0156
材料		材料费占人工费	%	10.0000	10.0000	10.0000	10.0000

工作内容：清捞水面垃圾、漂浮物、植物残体，保持水面清洁，垃圾卸至指定点，水面安全巡视。

定额编号				LY7-1-5	LY7-1-6	LY7-1-7	LY7-1-8
项目			单位	河流保洁维护	湖泊保洁维护		
				宽 40m 以上	$5000m^2$ 以内	$10000m^2$ 以内	$10000m^2$ 以上
				$1000m^2$ ·每天 1 次	$1000m^2$ ·每天 1 次	$1000m^2$ ·每天 1 次	$1000m^2$ ·每天 1 次
人工	00090115	养护工	工日	4.7180	12.9746	11.2115	9.4360
材料		材料费占人工费	%	10.0000	10.0000	10.0000	10.0000

工作内容：1，2，3. 清捞水面垃圾、漂浮物、植物残体，保持水面清洁，补水，垃圾卸至指定地点。
4. 清检砂(石)、补充砂(石)量、检修栏砂等设施。

定额编号				LY7-1-9	LY7-1-10	LY7-1-11	LY7-1-12
项目			单位	池水保洁			砂石滩保洁维护
				$500m^2$ 以下	$1000m^2$ 以内	$1000m^2$ 以上	
				$100m^2$ ·每天 1 次	$100m^2$ ·每天 1 次	$100m^2$ ·每天 1 次	$100m^2$
人工	00090115	养护工	工日	2.2473	1.8872	1.5396	0.7524
材料	04030115	黄砂 中粗	t				1.9475
		材料费占人工费	%	10.0000	10.0000	10.0000	
		其他材料费	%				5.0000

工作内容：1. 收集垃圾、枯枝落叶、集中堆放、装车外运。
2，3，4. 路面清扫、保洁，垃圾集中堆放，检查广场、道路破损情况。

定额编号				LY7-1-13	LY7-1-14	LY7-1-15	LY7-1-16
项目			单位	垃圾清理	广场、道路保洁		
					每天清扫1次	每天清扫2次	每天清扫3次
				t	1000m^2	1000m^2	1000m^2
人工	00090115	养护工	工日	0.7410	0.2500	0.4167	0.5520
材料	03156141	大扫帚	把		0.0833	0.1388	0.1839
	03156171	畚箕	只		0.0007	0.0012	0.0015
	03156211	铁锹	把		0.0007	0.0012	0.0015
	32590111	捡垃圾夹子	把		0.0028	0.0047	0.0062
		其他材料费	%		5.0000	5.0000	5.0000
机械	99070520	载重汽车 4t	台班	0.0774			
	32590103	不锈钢小车	台班		0.2500	0.4167	0.5520

工作内容：厕所保洁与消毒；厕所设备、设施保养。

定额编号				LY7-1-17	LY7-1-18	LY7-1-19	LY7-1-20
项目			单位	厕所保洁(固定)		厕所保洁(流动)	
				10厕位以内	10厕位以上	5厕位以内	5厕位以上
				年(365天)	年(365天)	年(365天)	年(365天)
人工	00090115	养护工	工日	225.3875	346.7500	277.4000	416.1000
材料	02310611	垃圾袋	只	1560.3750	2253.8750	780.1875	1126.9375
	03155921	地板刷	把	5.1960	7.5054	1.7320	2.5018
	03155931	长柄刷	把	5.1960	7.5054	5.1960	7.5054
	03156131	小扫帚	把	1.7320	2.5018	1.7320	2.5018
	03156161	拖畚	把	5.1960	7.5054	5.1960	7.5054
	03156171	畚箕	只	0.4213	0.6086	0.4213	0.6086
	03156181	废纸篓	只	4.2754	6.1757	2.1377	3.0878
	03156511	塑料水桶	只	0.8582	1.2397	0.4213	0.6086
	14352111	洁瓷精	瓶	104.0146	150.2433	52.0073	75.1216
	34070131	香皂	块	20.7998	30.0441		
	34090310	抹布	条	15.6038	22.5388	10.3921	15.0109
		其他材料费	%	5.0000	5.0000	5.0000	5.0000

二、保 安 措 施

工作内容：1，2. 病虫害防治巡视，防火巡视，治安巡视，动植物资源调查等专项巡视工作。
　　　3，4. 门卫、售票员设置。

定额编号				LY7-2-1	LY7-2-2	LY7-2-3	LY7-2-4
项目			单位	绿地专项巡视	绿地治安巡视	绿地门卫设置	绿地售票人员设置
				1000m²	10000m²	处	窗口
人工	00090115	养护工	工日	11.1098	173.3750	433.4375	416.1000
材料		材料费占人工费	%	10.0000	10.0000	6.0000	6.0000